本著作由高原科学与可持续发展研究院资金支持出版

简说粒子物理

Particle Physics: A Very Short Introduction

〔英〕弗兰克·克洛斯（Frank Close）◎著

刘　翔　李家赓　金奕澄　丁亦兵　庞成群◎译

科 学 出 版 社

北 京

图字：01-2022-5054 号

内 容 简 介

《简说粒子物理》是牛津大学教授弗兰克·克洛斯（Frank Close）的一部介绍粒子物理的科普作品。弗兰克·克洛斯曾担任卢瑟福·阿普尔顿实验室的理论物理学部门负责人，曾荣获不列颠帝国官佐勋章（OBE）和英国物理学会开尔文奖。由于在物理学科普方面的突出贡献，他获得了英国媒体评出的 2007 年最佳科普写作奖（Sygenta Prize）。本书用简洁生动的语言描绘了我们肉眼不能企及的粒子物理的微观世界。读者能够从中了解粒子物理的研究对象、独特的研究方式和手段，以及目前我们所知道的对物质世界的基本认识。此外，本书也对粒子物理所要面对的问题和挑战进行了展望。

无论你是对粒子物理感兴趣，亦或是物理学工作者，阅读本书都会让你有所收获。

© Frank Close, 2004

Particle Physics : A Very Short Introduction was originally published in English in 2004. This translation is published by arrangement with Oxford University Press. Science Press is solely responsible for this translation from the original work and Oxford University Press shall have no liability for any errors, omissions or inaccuracies or ambiguities in such translation or for any losses caused by reliance thereon.

英文版原书 *Particle Physics : A Very Short Introduction* 于 2004 年出版。中文翻译版由牛津大学出版社授权出版。科学出版社对原作品的翻译版本负全部责任，且牛津大学出版社对此类翻译产生的任何错误、遗漏、不准确之处或歧义以及任何损失概不负责。

图书在版编目（CIP）数据

简说粒子物理 /（英）弗兰克·克洛斯(Frank Close) 著；刘翔等译. — 北京：科学出版社，2022.9

书名原文：Particle Physics: A Very Short Introduction

ISBN 978-7-03-073074-9

Ⅰ.①简… Ⅱ.①弗…②刘… Ⅲ.①粒子物理学 Ⅳ.①O572.2

中国版本图书馆 CIP 数据核字（2022）第 162045 号

责任编辑：周　涵　郭学雯 / 责任校对：樊雅琼
责任印制：吴兆东 / 封面设计：北京楠竹文化发展有限公司

科 学 出 版 社 出版

北京东黄城根北街 16 号
邮政编码：100717
http://www.sciencep.com

北京中科印刷有限公司 印刷
科学出版社发行　各地新华书店经销

*

2022 年 9 月第 一 版　　开本：890×1240 1/32
2023 年 1 月第二次印刷　　印张：5 3/8
字数：119 000
定价：**88.00元**
（如有印装质量问题，我社负责调换）

译者序

　　我在南开大学念研究生的时候，时常会读到英国牛津大学弗兰克·克洛斯教授的科研论文。随着对他更为深入的了解，我发现弗兰克·克洛斯教授不仅学术成就斐然，而且科普著作颇丰。弗兰克·克洛斯教授与我算是真正的小同行，我们都是从事粒子物理尤其是强子物理的研究。随着自己在教学科研工作的愈发深入，我更加能体会弗兰克·克洛斯教授在科普方面的用心所在。一个偶然的机会，在选购专业书籍的过程中，弗兰克·克洛斯教授撰写的 *Particle Physics: A Very Short Introduction* 一书一下子就吸引了我。作为牛津通识读本，该书以简洁和生动的笔墨致力于向公众介绍何为粒子物理，给我留下了极为深刻的印象。

　　从 2009 年我到兰州大学工作之后，每年我都要给物理科学与技术学院三年级的本科生们讲授粒子物理课程。课余在与学生们的交流过程中，如何培养对物理学的兴趣是学生们每每会问我的一个问题。我通常会建议他们多读一些物理学史及相关的书籍。

这不仅是我自己的切身体会，也是借用诺贝尔物理学奖得主、物理学家史蒂文·温伯格（Steven Weinberg）的《给科学家的四条黄金忠告》一文中的建议："学一点科学史，起码你所研究的学科的历史"。答案是给了学生们了，但是到底学生们如何实践就无从而知了。2020年，我所在的物理科学与技术学院的2019级部分学生选我作为他们"科研与实践"课程的指导教师。在众多的学生中，李家赓和金奕澄两位同学在与我探讨课题的过程中表现出了对于粒子物理的好奇、但是却有些无从下手的茫然，根源还在于他们对粒子物理的不了解。于是，我将弗兰克·克洛斯教授撰写的 *Particle Physics: A Very Short Introduction* 一书介绍给他们，并建议他们将翻译此书作为科研与实践课的内容。他们欣然接受了这一挑战，这也就成为本书的缘起，也是我对学生的上述建议的一个真实的实践。本书译者之一的中国科学院大学丁亦兵教授有多部译著出版，笔耕不辍。丁老师算得上是我的老师，从我念研究生开始，丁老师就给予我许多的指导和帮助。我与丁老师的交往已有二十余载。丁老师每有新的译著总会给我寄上一份。多年前，我也有幸与丁老师一道翻译出版了《粒子物理和薛定谔方程》。鉴于丁老师的丰富经验，在本书的翻译过程中，我邀请了丁老师来对我们的工作给予全程指导。正是在学生和老师的共同努力和密切协作下，本书即将得以刊印，整个工作历时一年半有余。学生成长和老师攒劲是对此书翻译过程的最好记录。

天地玄黄，宇宙洪荒。日月盈昃，辰宿列张。这是古人对宇宙的描述。现在，粒子物理作为一门探究物质结构的前沿学科正在不断揭示宇宙的奥秘。我们希望读者能够通过本书走进并探秘粒子物理世界。

最后，我们要特别感谢青海师范大学高原科学与可持续发展研究院在本书的出版过程中给予的经费支持。同时，我们要感谢王雄飞、刘占伟、李峰、汪塞飞叶等同事在本书出版过程中所给予的帮助，也要感谢本书的责任编辑周涵女士在出版过程中给予的诸多协作。

2022 年 1 月 5 日于兰州大学

iii

译者序

原　书　前　言

我们是由原子组成的。你的每次呼吸都吸入了一亿亿亿[①]（10^{24}）个氧原子，这让我们可以知道每个氧原子是多么地小。所有这些物质，连同你皮肤中的碳原子，以及地球上的其他一切物质，都是大约50亿年前在一颗恒星中产生的。所以，你是由和地球一样古老的物质组成的，这些物质的年龄达到了宇宙年龄的1/3，尽管这是这些原子第一次以成为你的方式聚集在一起。

粒子物理学是一门展示物质如何被构建的学科，它解释了物质从何而来。在长达几英里（mi，1mi=1.609344km）的巨型加速器中，我们可以加速原子的碎片（比如电子和质子等粒子），甚至奇特的反物质碎片，并且让它们相互撞击。当这样做的时候，我们就在一个小空间内，一个短暂的瞬间创造了能量的高度聚集，它重现了宇宙的原始状态，就像最初的宇宙大爆炸时的一瞬间一样。这样我们就会了

---

① 　按照美式英语 a million billion billion = 10^{24}。——译者注

解我们的起源。

在 100 多年前，人们发现原子的性质相对简单：原子在周围的物质中无处不在，要想揭开它们的秘密，只需一台桌面上的装置就可以做到。但是，研究物质是如何从创世中产生的，则完全是另一个挑战。在科学装置采购目录中没有产生大爆炸的装置。产生粒子束的基本部件，将粒子加速到与光速相差极小，让它们在一起相互撞击，记录结果用于分析，所有这些都必须由专家团队来完成。我们能做到这一点，是一个世纪的科学发现和技术进步的结晶。这是一项巨大且昂贵的事业，但却是我们所知道的、能回答如此深奥问题的唯一途径。在这个过程中，人们创造出了许多意想不到的工具和发明。反物质和精密的粒子探测器现在被应用于医学成像；欧洲核子研究中心（CERN）设计的数据采集系统促使了万维网的发明——但这些仅仅是高能物理学的一些副产品。

高能物理学的种种技术和发现的应用数不胜数，但探究这一学科并不是为了追求这种技术目标。而这一驱动力正是来自人类的好奇心：人们渴望知道人类是由什么构成的；人类从何处来；为什么宇宙的法则是如此精妙地平衡，以致人类得以进化。

在这本通识读本中，我希望能让读者对我们迄今为止发现了什么，以及我们在 21 世纪初面临的一些主要问题有个大致的了解。

目 录

第 1 章

宇宙中心之旅

对粒子、物质和整个宇宙的概述。

◀ 布鲁克海文国家实验室首次观察到
Ω 粒子的照片

1.1　物质

古希腊人认为任何东西都是由一些基本元素构成的。这个想法基本上是正确的，但细节是错误的。他们的"土、气、火和水"是由我们今天所知道的化学元素构成的。纯水由两种元素组成：氢和氧。空气主要由氮和氧以及少量的碳和氩组成。地壳包含了90种自然存在的元素中的大部分，主要是氧、硅和铁，还有碳、磷和许多你可能从未听说过的元素，如钌、钬和铑。

元素的丰度差异很大。大致说来，你首先想到的是最常见的，而你从未听说过的那些都是最稀有的。因此，氧是最为常见的元素：你每呼吸一次，就会吸入一亿亿亿个氧原子。地球上另外的50亿人以及无数的动物也是如此，还有更多的氧原子在做其他的事情。当你呼吸的时候，这些原子被释放、被捕获，与碳形成二氧化碳分子，它成为树木和植物的养料。这个数量是非常巨大的，因此每个人都知道氧和碳。这与砹或钫形成鲜明对比。即使你曾经听说过它们，你也不太可能接触到它们，因为据估计，在地壳中砹的含量不到10z（10z = 28.35g）；至于钫，甚至有人声称，在任何时候，你的周围环境里最多有20个钫原子。

原子是一种元素中最小的部分，它可以存在并仍然被认为是该元素。几乎所有的这些元素，比如你呼吸的氧气和你皮肤里的碳，都是在大约50亿年前的恒星中产生的，那时地球正要形成，氢和氦甚至更古老，大多数氢是在宇宙大爆炸后不久产生的，后来为恒星提供了燃料，而其他元素则在恒星内部产生。

再想想我们呼吸的氧气和在你肺里的一亿亿亿个氧原子，这让我们对于一个原子有多小有了一些粗略的概念。另一种方法是，看一看这句话末尾的圆点①，它的墨水中含有大约1000亿个碳原子，要用肉眼看到其中的一个，你需要把圆点的直径放大到100m宽。

100年前，原子被认为是一种无法穿透的微小物体，或许就像迷你版的台球。今天我们知道每个原子都有丰富的迷宫般的内部结构，在它的中心是一个致密的核，除了极小的部分之外，它占有几乎全部的原子质量，并且带有正电荷。在原子的外部区域有被称为电子的一些微小且很轻的粒子。电子带有负电荷，正是正负电荷的相互吸引，才使这些带负电荷的电子绕着中心的带正电荷的原子核旋转。

再看一看那个圆点。前面我说过，要用肉眼看到一个原子，就需要把圆点的直径放大到100m，虽然这已经很巨大了，但仍然是可以想象的。但是为了看到原子核，你需要把这个圆点的直径放大到10000km，这差不多是地球的南极到北极的距离。

在中心的紧凑的原子核和远处旋转的电子之间，原子的绝大部分空间都是空的。这是许多书所持有的观点，就构成原子的粒子而言，这确实是对的，但这只是故事的一半。这个空间充满了电和磁的力场，它们是如此强大，以致如果你试图进入原子，它们会在瞬间阻止你，即使原子内部被认为是"空的"。正是这些力使物质变

---

① 这里的圆点是指英文标点符号中的句点。

得坚固。当你读这本书时，由于这些力，你被悬浮在椅子表面原子的上方一个原子的高度。

尽管这些电力和磁力都很强大，但与在原子核内起作用的更强大的力相比，它们是微不足道的。破坏这些强大的力的影响，你就能释放出核能；中断这些电力和磁力，你就能对周围环境的化学和生命中的生物化学造成更多的影响。这些日常熟悉的效应是由原子外层的远离原子核的电子造成的。相邻的原子中的这些电子可以交换位置，从而帮助把原子连接在一起，形成一个分子。正是这些电子的游荡导致了化学、生物学和生命的产生。本书不是关于这些主题的，它们涉及许多原子的集体行为。相比之下，我们想深入原子，了解那里的一切。

1.2　原子的内部

电子似乎是真正的基本粒子，如果它有自己的任何内部结构，那么我们还没有发现它。然而，原子中心的核是由更基本的粒子组成的：质子和中子。

质子带正电荷，提供了原子核的总正电荷。原子核里的质子越多，它的电荷越大，反过来，更多的电子可以像卫星一样围绕着它，使得原子处于正负电荷平衡的状态，因而原子的整体保持电中性。因此，虽然强烈的电力在构成我们身体的原子内部深处起作用，但我们却感觉不到它们，我们自己本身也不带电。最简单的元素氢的原子由一个质子和一个电子组成。原子核中质子数的多少是一种元素与另一种元素的区别之所在。碳原子的原子核由 6 个质子组成，铁由 26 个质子组成，而铀由 92 个质子组成。

异种电荷相吸，同种电荷相斥。因此，在这种电力作用下相互排斥的质子能够在原子核的限制范围内保持在一起，这真是一个奇迹。原因是，当两个质子接触时，它们会因为所谓的强相互作用力而紧紧地抓住对方，这种吸引力比电斥力强大得多，所以我们的原子核不会自发爆炸。然而，你不能在近距离内放太多的质子，否则最终的电斥力就太大了。这就是为什么会有天然存在的最重的元素铀，每个原子核中有 92 个质子。如果把比它们还要多的质子聚集在一起，原子核就无法保持稳定状态。像钚这样排在铀之后的元素，都是高放射性元素，其不稳定性是众所周知的。

除了氢之外的所有元素的原子核都含有质子和中子。中子实际上是质子的一个电中性形式。它与质子具有相同的大小，质量与质子相差大约千分之一。中子与质子以相同强度的力相互抓聚在一起。不像质子，由于没有电荷，中子感觉不到电的干扰。因此，中子的存在增加了原子核的质量，也增加了整体的强吸引力，从而有助于原子核的稳定。

当中子处于紧密的集群中时，比如，当它们成为铁原子核的一部分时，它们可能会保持不变，存在数十亿年。然而，当远离这样的紧密的团簇时，孤零零的中子是不稳定的。有一种所谓弱力的微弱力量在起作用，它的影响之一，就是湮灭中子，把它变成质子。这种情况甚至会发生在原子核中有太多的中子与质子挤在一起时。在这里，这种转换的效果是把一种元素的原子核变成另一种元素的原子核。元素的这种嬗变是放射性和核能的根源。

把一个中子或质子放大 1000 倍，你就会发现它们也有丰富的内部结构。就像一大群蜜蜂，从远处看，似乎是一个黑点，而从近处看，显示出像伴随着能量的嗡嗡作响的云一样，中子或质子也是如此。在低分辨率的图像上，它们看起来像简单的斑点，但当用高分辨率"显微镜"观察时，发现它们内部是被称为夸克的更小的粒子簇。

让我们最后一次进行圆点的类比。要能看到一个原子，我们必须把它的直径放大到100m，而当放大到地球的直径那么大时，才能看到原子核。为了显示出夸克，我们需要把圆点放大到月球大小，然后再继续放大20倍。总而言之，原子的基本结构是超出实际想象的。

我们终于触及目前所知道的物质的基本粒子。电子和夸克就像自然字母表中的字母，它们都是可以构成一切的基本部件。如果还有什么更基本的东西，比如莫尔斯电码的点和划，那么我们不确定那是些什么。有人猜测，如果你可以再将一个电子或一个夸克放大一百亿亿倍，你会发现隐含的莫尔斯电码，就像弦一样，它们在一个空间中振动，这个空间显示出比我们通常所知道的三维空间和一维时间更高的维度。

不管这是否就是对于未来的答案，我想告诉你我们是如何了解电子和夸克的，它们是谁，它们如何运作，以及我们面临哪些问题。

1.3 力

如果把电子和夸克比作字母，那么还有与语法类似的东西：语法是将字母黏合成单词、句子和文学作品的规则。对宇宙来说，这种黏合就是我们所说的基本力。它们有四种，其中引力是我们最熟悉的，万有引力是支配大块物质的力。物质被电磁力束缚在一起，正是这种力将电子束缚在原子中，并将原子相互连接，形成分子和更大的结构。在原子核的内部和它的周围，我们发现了另外两种力：强力和弱力。强力将夸克粘成我们称之为质子或中子的小球。反过来，这些质子或中子又紧密地被束缚而聚集在原子核中。弱力使一种粒子变成另一种粒子，例如，在某种形式的放射性中，它可以把一个质子变成一个中子，或者把一个中子变成一个质子，从而导致元素的嬗变。在这个过程中，它还释放出了被称为中微子的粒子。它们是轻而古怪的中性粒子，只对弱力和引力有反应。成百万的中微子正穿过你的身体，它们有的来自你脚下岩石中的天然放射性，但大多数来自太阳，在太阳核心的极热的地方产生，甚至来自宇宙大爆炸本身。

对于地球上的物质，以及我们在宇宙中可以看到的大部分东西，这些就是你需要了解的全部角色。要构造出周围的这一切，需要各种成分，包括电子和中微子，以及两种夸克，即"上夸克"和"下夸克"。这两种夸克构成原子核的中子和质子。然后这四种基本力以选择性的方式作用于这些基本粒子，形成大量的物质，最终形成你、我，我们周围的世界，以及大部分可见的宇宙。

俗话说，一幅画胜过千言万语，所以，我用展示原子内部结构和自然界中的力的图，来总结到目前为止的故事（图1.1）。

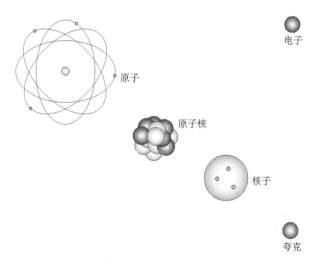

图 1.1　原子的内部。原子由一些电子远远围着中心的重原子核绕转而构成。原子核由质子和中子组成。质子带正电荷，中子不带电荷。反过来，质子和中子则由更小的称为夸克的粒子组成。根据我们最新的实验，电子和夸克似乎都是基本粒子，它们没有更深层次的组分

1.4　我们是怎么知道的?

我们的故事中很重要的一部分是，我们是如何知道这些事情的? 要感知所有尺度的宇宙，从遥远的恒星到小得难以想象的原子核内的尺度，我们需要借助仪器来扩展我们的感知能力。望远镜能让我们向外看，而显微镜则能揭示小尺度事物。要想观察原子核内部，需要一种被称为粒子加速器的特殊显微镜。通过电场，电子或质子等带电粒子被加速到接近光速，然后撞向物质靶或者迎头相撞。这种碰撞的结果可以揭示物质的深层结构，它们不仅展示了构成原子核的夸克，还揭示了物质中一些奇特的构成——天马行空般被命名为奇异、粲、底和顶——以及与电子类似的更重粒子，被称为 μ 子和 τ 子。它们没有

在我们地球上通常发现的物质中扮演明显的角色，人们也不完全理解大自然为什么要用到它们。回答这些问题是我们目前面临的挑战之一。

虽然这些奇特的形式在今天并不普遍，但它们好像在诞生物质宇宙的大爆炸后的最初时刻非常丰富。这种观点也被高能物理实验所证实，并且由此可以深刻认识到这些实验在做什么。50多年来，高能粒子物理学的焦点是揭示物质深层次的内部结构、理解那些意外出现的物质的奇特形式。在20世纪的最后25年，出现了一种对宇宙的深刻看法：今天的物质宇宙产生于一次热大爆炸，然后亚原子粒子之间的碰撞可以短暂地重现早期普遍存在的状况。

因此，今天我们把高能粒子之间的碰撞，看作研究宇宙诞生时起支配作用现象的一种手段，我们可以研究物质是如何被产生出来的，并且发现物质有哪些种类。由此，我们可以构想一个故事，讲述一下物质宇宙是如何从最初极热的情形发展到像今天地球上这般的低温状态。当今地球上的物质是由电子和原子核构成的，不需要μ子和τ子，并且原子核的本源只是上夸克和下夸克，不需要奇异夸克或粲夸克之类的东西。

从广义上讲，这就是已经发生的故事，在热大爆炸中产生的物质由夸克和像电子这样的粒子组成。至于这些夸克，奇异夸克、粲夸克、底夸克和顶夸克等，都是非常不稳定的，在瞬间就消失了，弱力将它们转化为更稳定的物质，也就是现今存在于我们体内的上夸克和下夸克。类似的情况也发生在电子和它的更重的形式（μ子和τ子）上。后两者也不稳定，其由于弱力的作用消失了，只留下电子作为幸存者。在这些衰变过程中，也产生了大量的中微子和电磁辐射，它们在大约140亿年后仍然遍布于宇宙中（图1.2）。

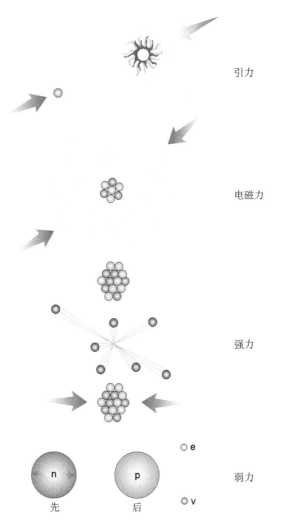

引力

电磁力

强力

弱力

先　　　后

图 1.2　自然界的力。引力是吸引力，它控制着星系、行星和掉落的苹果的大尺度运动。电力和磁力把电子束缚在原子的外层。它们可以是吸引的，也可以是排斥的，并且在大块物质中倾向于平衡，使得在远距离时引力占主导地位。强相互作用力将夸克粘在一起，形成中子、质子和其他粒子。当质子和中子接触时，质子和中子之间的强大吸引力有助于在原子的中心形成紧凑的原子核。弱力能把粒子的一种形式变成另一种形式，这可以引起元素的嬗变，例如，在太阳中将氢转变为氦

上夸克、下夸克和电子在宇宙非常年轻和炽热的时候就已经存在。随着宇宙冷却，夸克相互粘在一起，散裂成质子和中子。这些粒子之间的相互引力将它们聚集成巨大的云团，即原始恒星。当它们在恒星的中心碰撞时，质子和中子形成了更重的元素的种子。一些恒星变得不稳定并发生爆炸，将这些原子核喷射到太空中，在那里它们捕获电子，从而形成我们所知道的物质——原子。我们认为这发生在大约 50 亿年前，当时我们的太阳系正在形成，那些来自早已消亡的超新星的原子造就了今天的你我。

　　我们现在在实验中所能做的，实际上是逆转这个过程，观察物质变回它最初的原始形式。将物质加热到几千摄氏度，原子电离，即电子与中心原子核分离，这就是太阳内部的情况。太阳是一种等离子体，是由各自独立旋转的带电的电子和质子组成的气体。在更高的温度下（这是在相对较小的高能加速器中所能达到的典型条件），原子核就会分裂成组成它们的质子和中子。在更高的能量下，这些粒子转而会"熔化"变成由自由流动的夸克组成的等离子体。

　　这一切是如何发生的？我们是如何知道的以及我们发现了什么？这是这本通识读本的主题。

第 2 章

"大"有多大？
"小"有多小？

原子非常小，而宇宙非常大。它们和日常事物相比如何？宇宙并非处处相同——太阳和恒星的温度都远远高于地球，物质的形式也各不相同，但它们最终由相同的组分构成。一直以来，宇宙都不是一成不变的，它在 150 亿年前的一次热大爆炸中形成，就在那时物质的本源就形成了。

◀ 1960 年欧洲核子研究中心第一个用于
实验的液氢气泡室中形成的真实粒子
轨迹

2.1　从夸克到类星体

　　恒星是巨大的，在遥远的地方用肉眼就能看到。这与它们的基本成分——最终构成原子的粒子——形成了鲜明对比。大约需要十亿个原子彼此一个接一个地叠在一起才能从你的脚到达你的头部，类似数量的人，其头和脚首尾依次相连的长度可以给出太阳的直径。因此，人类的测量尺度大致处于太阳和原子之间。构成原子的粒子——核外电子和构成原子核的最终种子核"夸克"——本身是整个原子核的十亿分之一。

　　一个成年人身高通常不到 2m。对于我们将在本书中遇到的大部分内容，尺度的数量级比精确值更重要。所以为了设定比例，我将取人的身高数量级为"1m"（这意味着我们远大于 1/10m 或 10^{-1}m，而相应地小于 10m）。然后，转向天文学的大尺度，地球的半径大约为 10^7m；太阳半径大约为 10^9m；地球绕太阳公转轨道半径约为 10^{11}m（或者 1 亿 km 读起来更容易）。为了便于以后参考，请注意：地球半径、太阳半径和地球绕日轨道半径的尺寸依次差了大约 100 倍。

　　超过这个值的距离是难以想象的，当用米来表示时，会有大量的零，所以我们采用了一个新的单位：光年。光以 300000km/s 的速度传播，这非常快，但不是无限的，光经过 1ns，也就是 10^{-9}s，才移动 30cm，大约是你脚的大小。现代计算机能够在这样的时间尺度上运行，当我们进入原子内部世界时，这样的微小时间将成为研究的中心。目前，我们正走向另一个极端——宇宙的极其巨大的距离，以及光从遥远的星系传播到我们的眼睛所花的漫长时间。

光大约用 8min 传播 1.5 亿 km 到达地球，所以我们说太阳离我们 8 光分。光传播 10^{16}m 需要 1 年，所以这个距离被称为 1 光年。我们的银河系延伸至了 10^{21}m，也就是大约 10 万光年。星系团以集团的形式聚集在一起，延伸超过 1000 万光年。这些星系团本身又集合成一些超星系团，其范围约为 1 亿光年（或 10^{24}m）。可见宇宙的范围约为 100 亿光年（或 10^{26}m）。这些实际的数字并不太重要，但要注意，宇宙不是均匀的，其不均匀地聚集成不同的结构：超星系团、星系团和像我们银河系这样的独立星系，以上每一种都大约是前者的 1/100。当我们进入微观世界时，我们将再一次遇到同样的这种层次结构，但是以更空旷的规模，那时尺度比例不再是 1/100，而更像是 1/10000。

在进行了一次大尺度空间的旅行之后，让我们转向相反的方向，进入原子的微观世界和它们的内部结构。我们用肉眼可以分辨出，比如，微小到 0.1～0.01mm 的尘埃颗粒，也就是 10^{-4}～10^{-5}m，这是细菌大小的上限。光是电磁波的一种形式，我们看到的彩虹可见光波长的跨度为 10^{-6}～10^{-7}m。原子直径是可见光波长的 1/1000，大约 10^{-10}m，其大小比可见光的波长小得多的这一事实，使得原子超出了我们正常视力能达到的范围。

地球上的一切都是由原子构成的，每种元素都有其最小的单元，虽然小到肉眼看不到，但正如特殊仪器能够显示的那样，它是真实存在的。

回顾第 1 章：原子是由更小的粒子组成的。它的中心是一个致密且质量很大的原子核，电子在离原子核很远的外层环绕运动。原子核本身的结构是由质子和中子组成，而质子和中子又由更小的粒子"夸克"组成。夸克和电子是我们在地球上发现的物质的本源。

原子的直径通常是 10^{-10}m，其中心的原子核的尺度只有 10^{-14}～10^{-15}m。因此，对如下我们常说的类比要慎重：原子就像微型太阳系，"行星电子"环绕着"核太阳"。真正的太阳系中，我们的轨道和中心太阳的大小之间相差约 100 倍；而原子要空得多，其中心原子核的尺度与原子半径的比值为 1/10000。这种"空"还在继续。单个质子和中子直径约为 10^{-15}m，它们转而由更小的粒子"夸克"组成。假如夸克和电子有任何内在结构的话，对我们来说，它们就太小了，以致无法测量。我们可以肯定地说它们不大于 10^{-18}m。所以在这里我们再一次看到夸克和质子的相对大小大约是 1/10000（至多！），同样的道理也适用于"行星"电子相对于质子"太阳"：1/10000，而不是真实太阳系中行星与太阳的相对大小：1/100。所以，原子世界是非常空旷的。

为了获得对于这个问题的一些感性的认识，想象一下你在高尔夫球场上可能找到的最远的洞，比如在 500m 处。这条球道的相对长度与你最终将球打进的这个小洞的尺寸大小之比大约是 10000∶1。因此，它与氢原子和其中心原子核（质子）的半径的相对比值类似。

就像用米来表示大尺度距离显得笨拙一样，原子和核结构的亚微观尺度也会变得难以处理。在前一种情况下，我们引入了光年（10^{16}m），在后一种情况下通常使用埃（Å，1 Å=10^{-10}m，即一个简单原子的典型大小）和费米（fm，1fm = 10^{-15}m）。因此埃是测量原子和分子大小的非常有用的单位，同时，用费米来度量核和粒子是很自然的。埃格斯特朗和费米分别是 19 世纪和 20 世纪著名的原子科学家和核科学家。

　　我们的眼睛以人类的尺度看事物：我们的祖先进化出了能够保护自己免受捕食者伤害的感官，这些如眼睛的感官并不需要能够感知发射无线电波的星系或我们身上脱氧核糖核酸（DNA）的原子。今天，我们可以使用仪器来扩展我们的感官：研究太空深处的望远镜与揭示细菌和分子的显微镜。我们有特殊的"显微镜"来显示比原子还小的距离，这就是高能粒子加速器的作用。通过这些工具，我们就可以在很大范围的距离尺度上揭示自然规律。对于粒子，这是怎么做到的？这将是第 5 章和第 6 章的主题。图 2.1 给出了与人类以及超越正常视力范围的尺度对照。

简说粒子物理

18

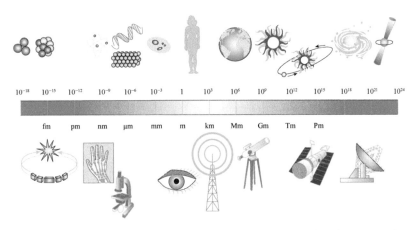

图 2.1　与人类以及超越正常视力范围的尺度对照。在小尺度方面，10^{-6}m 为 1μm，10^{-9}m 为 1nm，10^{-15}m 为 1fm

今天我们所看到的世界，并非一直如此。正如我们所知，宇宙起源于一场热大爆炸，在爆炸中原子不可能存活。到了大约 140 亿年后的今天，整个宇宙都已经变得非常冷，原子就可以存活下来了。存在一些局部的热斑，比如像太阳这样的恒星，那里的物质也不同于我们在相对寒冷的地球上发现的物质。我们甚至可以在粒子加速器的实验中模拟大爆炸后瞬间的极端条件，并观察物质的基本本源最初是如何产生的。然而，尽管物质的形式随着时间和空间的变化而变化，但基本的部分是共同的。物质是如何在寒冷（现在）、炽热（如太阳和恒星）以及极热（如最初的大爆炸的后果）中出现的，是本节的主题。

在宏观物理中，我们用焦耳（J）计量能量，在大型工业中，用兆焦耳或太焦耳计量能量。在原子物理、原子核物理和粒子物理中，所涉及的能量与前者相比微不足道。如果一个带电荷的电子被 1V 的电池的电场加速，它将获得 1.6×10^{-19}J 的能量。即使在接近光速的情况下，就像日内瓦欧洲核子研究中心（CERN）的加速器那样，能量仍然只能达到 10^{-8}J，即一亿分之一焦的数量级。这样小的数字会产生混乱，所以通常使用不同的度量单位，称为"电子伏特"（eV）。我们上面说过，当 1 个电子被 1V 的电池的电场加速时，它将获得的能量为 1.6×10^{-19}J，我们就把它定义为 1eV。

现在，涉及亚原子物理学的能量变得易于处理。我们称 10^3eV

为 1 千电子伏特或 1keV；10^6eV 为 100 万电子伏特或 1MeV；10^9eV 为 10 亿（千兆）电子伏特或 1GeV；最新的实验是进入太（tera）电子伏特或 10^{12}eV，即 1TeV 的领域。

爱因斯坦的著名方程 $E = mc^2$ 告诉我们，能量与质量之间可以相互转化，"汇率"为 c^2，即光速的平方。电子的质量是 9×10^{-31}kg。这些数字再一次显得很混乱，所以我们用 $E = mc^2$ 来量化质量和能量，它给出单个电子静止时的能量是 0.5MeV，我们习惯上称其质量为 0.5MeV。在这些单位中质子的质量是 938MeV，将近 1GeV/c^2。

能量与温度也有着密切的联系。如果有大量的粒子相互碰撞，不断将能量从一个粒子转移到另一个粒子，结果整群粒子就有了某个确定的温度。单个粒子的平均能量可以用 eV（或 keV 等）表示。室温相当于约 1/40eV，或 0.025eV。也许使用 1eV=10^4K 会更容易用于度量温度，其中 K 指的是开尔文，温度的绝对测量值；绝对零度 0K 约为 −273℃（室温约为 300K）。

用足够的能量向上发射火箭，火箭就能摆脱地球的引力。给原子中的一个电子足够的能量，它就能逃脱原子核的静电引力。在许多分子中，用几分之一电子伏特的能量就可以把电子释放出来。所以要做到这一点，室温就足够了，它是化学、生物学和生命的来源。氢原子将在能量低于 1eV 的条件下存在，换算成温度约为 10^4K，这样的温度通常在地球上不会出现（除了一些特例，如工业的电炉、碳弧灯和一些科学仪器等），因此在这里原子是常态。然而，在太阳中心，温度约为 10^7K，或能量为 1keV，原子不能在这种条件下存在。

在 10^{10}K 以上的温度，有足够的能量可以产生粒子，如电子。单个电子的质量为 0.5MeV，因此它需要 0.5MeV 的能量才能"凝结"成电子。正如我们将在后面看到的，这不能自发地发生，一个电子和它的反物质对应物（正电子）必须成对产生。所以，要发生"正负电子对产生"需要 1MeV 的能量。类似地，要产生一个质子和它的反质子，需要 2GeV 能量。在今天的核实验室和粒子加速器中，这样的能量很容易产生，它们是早期宇宙的常态，也正是在那最初时刻，物质（和反物质）中的基本粒子形成了。其细节将在第 9 章中给出，但这些概述作为情况介绍是很有用的。

人们观测到这些星系彼此在急速飞离，以致宇宙正在膨胀。根据膨胀的速度，我们可以回溯这个场景，推断出大约 140 亿年前，宇宙曾被自身压缩。正是从这种极高密度状态发生的大爆发，被我们称为大爆炸（big bang）。回顾宇宙大爆炸并不是本书的主要目的。要想了解更多，请阅读牛津通识读本系列中彼得·科尔斯的《宇宙学》。在原始状态下，宇宙比现在热得多，今天的宇宙存在于温度约为 3K 的微波背景辐射中。将这一点与大爆炸后的膨胀图像相结合，这就给出了测量的宇宙温度随时间演化的函数。

在最初的大爆炸的十亿分之一秒内，宇宙的温度会超过 10^{16}K，或者换算成能量为 1TeV。在这样的能量下，物质和反物质被产生出来，包括今天不常见的奇特形式。其中大部分几乎立即就消失了，产生了辐射和大多数的基本粒子，比如电子和幸存下来的用于组成物质的夸克。

随着宇宙年龄的增长，它开始迅速冷却。在百万分之一秒内，夸克以三个一组的形式聚集在一起，从那以后至今，它们一直保持这种状态。质子和中子就这样诞生了。大约 3min 后，温度下降到 10^{10}K 左右，即能量为 1MeV，这样的"冷却"足以让质子和中子黏合在一起，形成（尚未完成的）元素的种子核，形成了一些轻核，如氦以及少量的铍和硼。最简单和最稳定的质子是最常见的，它们在引力作用下聚集成球状天体，我们称之为恒星。在这里重元素的原子核会在接下来的数十亿年里被制造出来。在第 9 章中，我们将描述这些恒星中的质子如何相互碰撞，聚集在一起，并通过一系列过程产生出较重元素的种子核：首先是氦，最后是较重的一些元素，如氧、碳和铁。当这些恒星爆炸和死亡时，它们会向宇宙中喷射出各种种子核，这些就是你皮肤中的碳和我们空气中的氧的来源。图 2.2 为温度和以电子伏特为单位的能量之间的对应关系。

现在太阳正在经历这个故事的第一部分。50 亿年以来，它一直在将质子转化为氦核，到目前为止，已经消耗了大约一半的核燃料。它的核心的温度与宇宙刚诞生几分钟时间的温度相近，所以今天的太阳保持着宇宙很久以前的样子。

原子不能在太阳的深处存在，也不能在早期宇宙中存在。直到大约 30 万年过去了，宇宙才冷却到足以让这些原子核俘获周围的电子而形成原子。这就是今天地球上的情况。

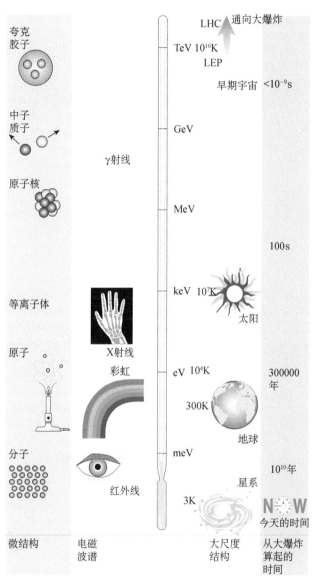

图 2.2 温度和以电子伏特为单位的能量之间的对应关系

第 3 章

我们如何知道物质是由什么组成的？我们发现了什么？

显微镜和粒子加速器等仪器使我们能够把视野扩展到可见光的七色彩虹之外，看到了亚原子的微观世界，从而揭示了原子的内部结构——电子、核子和夸克。

◀ 布鲁克海文国家实验室发现中微子 – 粒子
相互作用事件照片

3.1　能量和波

　　要找出某物是由什么组成的，你可以：①观察它；②把它加热，看看会发生什么；或者③用蛮力砸碎它。有一个常见的误解，认为后者是高能物理学家或粒子物理学家所做的事情。砸碎是一个从粒子加速器被称为"原子粉碎机"的时代遗留下来的术语。的确，这正是历史上曾经发生过的，但今天的目标和方法更加复杂。我们稍后将讨论细节，但在开始前，先让我们关注一下刚才提到的三个选项。它们有一个共同的特点：它们都需要能量。

　　在加热的情况下，我们已经看到了温度和能量是如何相互关联的（10^4K = 1eV）。即使是在看东西时，能量也会起作用。

　　你看到这些字，是因为光照射到纸上，然后传到你的眼睛。这里的大意是，有一个辐射源（光源），一个正在被观察的物体（页面）和一个探测器（你的眼睛）。一个圆点里面有数百万个碳原子，即使利用最强大的放大镜，你也永远无法看到单个原子。它们比"可见光"的波长还要小，所以不能用普通的放大镜或显微镜分辨出来。

　　光是一种电磁辐射。我们的眼睛只对整个电磁波谱中很小的一部分作出响应，但整个过程都可以通过特殊的工具来处理。可见光是太阳发出的最强辐射，而人类的眼睛已经进化到只能感受这一特定范围的光。我们可以用声音的类比为例说明整个电磁波谱的传播。在一个八度音阶里，从一个音符（比如 440Hz 的 A）到高它八度的一个音符（880Hz 的 A），声音的波长将会减半（或频率将翻倍）。七色彩虹的情况也类似：它是电磁光谱中的一个"八度音阶"。当红光变成蓝光时，波长减半，即蓝光的波长是红光的一半（或者说，蓝光的电场和磁场来回振荡的频率是红光的 2 倍）。电磁波谱在两个方向上进一步扩展。在蓝色视界之外，我们发现紫外线、X 射线和 γ 射线的波长比可见的七色彩虹要小；相比之下，在更长的波长和相反的方向，在红色视界之外，我们有红外线、微波和无线电波。

我们可以感觉到七色彩虹之外的电磁波谱；虽然我们的眼睛看不到红外线辐射，但我们的皮肤可以感觉到它的热。现代红外摄像机可以通过它们散发的热量"发现"小偷。人类中的天才发明了能将我们的视野扩展到跨越整个电磁波范围的机器，从而揭示了关于原子深层本质的真相。

我们之所以看不见原子，与光表现为一种波有关，而波不容易从小物体散射。要看到一个物体，光束的波长必须小于物体本身的尺度。因此，要看到分子或原子，就需要光源的波长与它们相似或小于它们。光波的波长约为 10^{-7}m（换句话说，1 万个波长等于 1mm）。这长度仍然是原子大小的 1000 倍。为了感受这是一项多么困难的任务，想象一下，把世界放大 1000 万倍，那时光的一个波长，就会比一个人还大，而在这个尺度上一个原子只能延伸至 1mm，远远不足以干扰长波段的蓝光。为了有机会看到分子和原子，我们需要光的波长比它们短得多。我们必须远远超出蓝色视界，到达 X 射线区域的波长甚至更短。

X 射线是波长如此之短的光，以至于它们可以被分子尺度上的规则结构散射，比如在晶体中所发现的 X 射线散射。X 射线的波长大于单个原子的大小，所以原子仍然看不见。然而，晶体内晶格矩阵中相邻平面之间的距离与 X 射线波长相似，因此 X 射线可以分辨晶体内格点的相对位置。这就是所谓的"X 射线晶体学"。

如果考虑的是水波而不是电磁波，就可以做一个类比。把一块石头扔进静止的水中，涟漪就会扩散开来。如果给你看这些圆形图案，你可以推断出石头的位置。一组同步投入的石头会产生更复杂的波浪图案，当它们相遇并相互干涉时，会出现高峰和低谷。从所产生的图案中，你可以推断出石头进入的位置，当然，这有一定的难度。X 射线晶体学与检测来自晶体中晶格的多个散射波有关，然后对该图案进行解码，从而推断出晶体结构。通过这种方式，非常复杂的分子的外观和结构，如 DNA，已经被推断了出来。

为了解决单个原子的问题，我们需要更短的波长，我们不仅可以使用光，还可以使用电子等粒子束来做到这一点。这些粒子具有的特殊优势，就在于它们带有电荷，所以可以被操控，被电场加速，从而获得大量的能量。这使我们能够探测更短的距离，但为了了解原因，我们需要短暂地转移一下话题，看看能量和波长是如何关联的。

量子理论中的一个伟大发现是，粒子可以有类波的特性，反之，波也可以像分立的粒子束一样，它们被称为"量子"。因此，电磁波的行为就像猝发的量子——光子。任何单个光子的能量都与

波的振荡电场和磁场的频率（ν）成正比。这可以用以下形式表示

$$E = h\nu$$

其中，比例常数 h 是普朗克常量。

一个波的波长（λ）和其峰值通过一个给定点的频率与它的速度（c）的关系可写为 $\nu = c/\lambda$。所以我们可以把能量和波长联系起来：

$$E = \frac{hc}{\lambda}$$

其比例常数 $hc \sim 10^{-6}\,\text{eV} \cdot \text{m}$。这使我们能够用诸如 1eV 对应于 10^{-6}m 的下列近似的经验法则，将能量和波长联系起来（表 3.1）。

表 3.1　能量和近似的波长

能量	波长
1eV	10^{-6}m
1keV	10^{-9}m
1MeV	10^{-12}m
1GeV	10^{-15}m
1TeV	10^{-18}m

与第 2 章中的能量和温度之间的关系相比较，我们看看温度和波长是如何联系起来的。这种联系说明了不同温度下的物体如何倾向于以不同的波长辐射：物体越热，波长越短。例如，当电流流过灯丝并使其加热时，它首先会以红外辐射的形式散发热量，当它变得更热时，大约 1000℃，它就会开始发射可见光，照亮房间。太阳附近的高温气体可以发射 X 射线，一些极热的恒星会发射 γ 射线。

为了探测原子的深处，我们需要一个波长非常短的光源。由于我们无法在实验室中制造 γ 射线星，所以技术上只能使用基本粒子本身，如电子和质子，并在电场中使其加速。它们的速度越高，其能量和动量就越大，相关的波长就越短。因此，高能粒子束可以分辨像原子一样小的东西。我们可以随心所欲地观察很小的距离；我们所要做的就是，提高粒子的速度，给它们越来越多的能量以达到越来越小的波长。要分辨原子核尺度的距离，即 10^{-15}m，要求 GeV 数量级的能量。这就是我们所说的高能物理学的能量尺度。事实上，当这一始于 20 世纪初的领域发展到 20 世纪中叶的时候，GeV 能量仍处于技术上可以达到的边界。到 20 世纪末，几百 GeV 的能量已经是常态，而我们现在正进入 TeV 规模的能量领域，在小于 10^{-18}m 的距离上探测物质。因此，当我们说电子和夸克没有更深层的结构时，我们只能说是在"至少在 10^{-18}m 的尺度上"。有可能在比这更小的距离上有更深的层次，但这已经超出了我们目前实验分辨的能力。因此，尽管我在本书中一直好像在说这些粒子是最基本的部件，但始终要记住这个告诫：我们只知道大自然在大于 10^{-18}m 的距离上是如何运作的。

3.2 加速粒子

关于加速器的概念将在第 5 章中介绍，但现在我们先思考一下需要什么。将粒子加速到几十或几百 GeV 的能量需要很大的空间。20 世纪中后期的技术可以使电子加速，比如说，电子束中的每个电子每飞行 1m 能获得几十 MeV 的能量。因此，在加利福尼亚斯坦福大学直线加速器中心（SLAC）有一个 3km 长的加速器，可以产生高达 50GeV 的电子束。在日内瓦的 CERN，电子被引导绕着27km 长的圆周运动，获得了约为 100GeV 的能量。质量更大的质子能产生更大的冲击力，但仍需要大型加速器以实现目标。归根结底，正是短距离、探测它们所需的短波长和高能量的束流之间的量子关系造成了这种明显的悖论，即需要越来越大的机器来探测最微小的物体。

这些实验的早期目标就是用高能粒子束撞击原子核来探测原子核的内部。粒子束中粒子的能量是巨大的（以使原子核聚在一起的单个原子核中所包含的能量为标度），作为结果，粒子束往往会将原子及其粒子粉碎成碎片，并在这个过程中产生新的粒子。这就是"原子粉碎机"这一古老名称的由来。今天我们做的远不止这些，这个名字也已经不存在了。

3.3　电子和质子

构成原子的带电粒子是电子和质子。最简单元素氢的原子，通常由一个电子（带负电荷）和一个带有等量正电荷的质子组成。因此，虽然一个原子整体上是电中性的（就像我们所熟悉的大多数物质一样），但它内部包含负电荷和正电荷。正是这些电荷，以及它们所感受到的随之而来的电磁力，将原子结合成分子和大块的物质。我们将在第 7 章介绍自然界中的力。在这里，我们将集中讨论这些基本的带电粒子，以及它们是如何被用作探测原子和原子核结构的工具。

电子束在19世纪就开始使用了，尽管当时没人知道它们是什么。当电流在极低的气压下通过气体时，就会看到铅笔般细的束流。这种束流后来被称为"阴极射线"，我们现在知道它是由电子组成的。这种装置最常见的例子是近代电视，其中阴极是后面的热灯丝，电子束流从它射出并击中屏幕。

在19世纪，人们发现这种射线穿过固体物质时，几乎就像没有东西阻挡它们一样，这给人们带来极大的惊喜。这又是一个悖论：触摸起来是固体的物质在原子尺度上是透明的。发现这一点的菲利普·莱纳德（Phillipp Lenard）谈到："1m³的固体铂所占据的空间就像地球以外的恒星空间一样空旷。"原子可能主要是空的空间，但有一些东西限定了它们，赋予它们以质量。随着欧内斯特·卢瑟福在20世纪初的工作，原子不是一个简单的空间，这一观点变得清晰了。这是在电子和放射性发现之后发生的，这些发现提供了可以揭示原子结构的基本工具。

约瑟夫·约翰·汤姆孙在1897年发现电子，并确认其为原子的基本组分。只要地球存在，带负电的电子就一直在原子内。它们很容易被分离出来，几千摄氏度的温度就可以将其实现。电场会加速它们，赋予它们能量，从而使高能电子束能够探测微小尺度的结构。

还有别的一些原子子弹。质子具有正电荷，其大小与电子的负电荷相同，但在质量上质子占绝对优势，其质量是电子的近2000倍。质子已成为用来研究亚原子的首选粒子，但最初是另一个带电实体，它被证明具有开创性，这就是α粒子。

今天，我们知道α粒子是一个氦原子的原子核，是由两个质子和两个中子组成的团簇，其本身带正电，质量约为单个氢原子的4

倍。α粒子变得出名的原因是，许多重元素的原子核具有放射性，自发地发射α粒子，从而天然地提供了带电探针的来源。大量的质子和中子紧密地聚集在一起组成重核，而当一个重核通过自发地喷射出由两个质子和两个中子组成的紧密团而获得稳定性时，就会出现α放射性现象。这方面的细节我们在此并不关心，只需接受它发生时会放出带着动能的α粒子，并可以撞向周围物质。正是通过这种方式，欧内斯特·卢瑟福与他的两个助手盖格和马斯登首次发现了原子核的存在（图 3.1）。

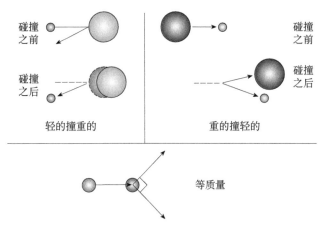

图 3.1　重物体和轻物体分别撞击轻靶和重靶的结果

当α粒子碰到原子时，α粒子有时会被剧烈地散射，甚至有时会被原子原路撞回去。这就是像金这样的重元素的正电荷如果集中在一个紧凑的中心时会发生的情况。带正电的α粒子被带正电的原子核所排斥，正如一个轻的物体，如网球，可以从一个重的物体（如足球）上反冲，α粒子也会从金原子的重原子核上反冲。

α粒子比金原子核轻得多，但比作为氢原子核的质子重得多。

因此，如果向氢发射 α 粒子，就会出现类似于足球撞上轻质量网球的情况。在这种情况下，足球将倾向于沿着它的飞行路线继续向前冲，同时沿相同的方向将网球撞向前方。因此，当相对重的 α 粒子击中氢的质子时，这些质子被向前喷射出去，可通过它们在云室中留下的痕迹来探测（见第 6 章）。

20 世纪初，通过此类实验，有核原子的基本概念得以确立。现在我们总结一下：α 粒子与原子散射的方法帮助我们建立了迄今所知的原子图像：正电荷存在于一个紧凑而笨重的中心——原子核，而带负电荷的电子是在外围远远地绕核旋转。

自然产生的 α 粒子并不具有很大的冲击力。它们从重核中发射出来，只有几 MeV 的动能，或相当于几 MeV/c 的动量，因此能够分辨大于 10^{-12}m 距离尺度上的结构。由于这样的尺度比原子尺寸要小，所以这种情况下 α 粒子还是有用的，但即使是在一个 10^{-14}m 的大原子核面前，例如金原子的原子核，该尺度也显得大很多，更不用提构成原子核的单个质子和中子只有 10^{-15}m 大小。因此，尽管 α 粒子对于发现原子核的存在没有问题，但要看到这些原子核的内部，就需要有更高能量的粒子束。

以此为目标，我们开创了现代高能物理学。正是在 1932 年，科克罗夫特和沃尔顿建造了第一台带电粒子加速器，并开始出现了核结构和构建核结构的粒子的详细图像。人们可以使用原子核的束流，除了用这些作为真正的"原子（或者相当于原子核）粉碎机"之外，也有助于确定核同位素的同伴（同一元素中含有相同数量质子但不同数量中子的形式）及其细节，关于其基本成分的最清晰的信息来自最简单的束流。一个碳原子核通常包含六个质子和相同数量的中子。因此，当它击中另一个原子核时，同样会有很多碎片，不但有一些来自碳束流本身而且也有一些来自靶。很难解释清楚。而使用仅仅是质子的束流要干净得多。这曾经是而且仍然是探测原子核结构的主要方法之一，今天的探测距离可小到 10^{-19}m。

携带正电荷的质子，50 多年来一直受到人们的青睐，因为它们能带来巨大的冲击力。然而，电子有一些特殊的优势，目前，我们对原子核结构的许多知识，甚至包括组成它们的质子和中子的结构，都是利用电子束所做的实验来得到的。

β 衰变会放射出电子——β 射线——可用于探测原子结构。然而，这种电子的能量只有几 MeV，就像 α 粒子的情况一样，因此受到同样的限制：它们允许我们像 α 粒子那样能够看到一个原子核，但不能分辨原子核的内部结构。取得进展的关键是使原子电离，释放它们的一个或多个电子，然后通过电场来加速收集的电子束。到 20 世纪 50 年代，在加利福尼亚的斯坦福大学，每个电子的能量为 100MeV～1GeV 的电子束流开始用于分辨接近 10^{-15}m 的距离。从质子和中子散射出来的电子开始揭示出这些核子内部有更深层次的结构。这样的实验表明，中子虽然总体上是电中性的，但它具有磁效应和一些其他特征，暗示它的内部存在电荷，正负相抵，正如原子中的情况一样。质子也被发现有一个有限的尺寸，延伸到大约 10^{-15}m 的距离。一旦确认质子不是点粒子，就出现了质子的电荷如何在其尺寸内分布的问题。这样的问题让人想起多年前在原子的情况下发生的事情，答案要通过类似的实验得出。就原子而言，其坚硬的核芯是由 α 粒子的散射所揭示的；就质子而言，应该由高能电子束给出答案。

1968 年在斯坦福大学 3km 长的电子直线加速器上首次清晰地看到了原子核内部，并发现我们所知道的质子和中子实际上是由挤在一起的"夸克"组成的小球体。

在 10GeV 以上的能量下，电子可以探测到 10^{-16}m 的距离，比质子整体要小一个量级左右。当高速运动的电子遇到质子时，人们发现电子会发生剧烈的散射。这与早在 50 年前发生在原子上的情况类似，相对低能量的 α 粒子的剧烈散射表明，原子有一个坚硬的带电的核心，即它的原子核。电子束意外的强烈散射表明，质子的电荷集中在"点状"物体——夸克上（"点状"的意思是，我们无法辨别它们是否有自己的任何子结构）。在我们今天能做的最好的实验中，电子和夸克似乎是大量物质的最基本组分。

第 4 章

物质的核心

　　本章概述了上夸克和下夸克、电子和幽灵般的中微子——它们所扮演的角色以及它们的质量和其他属性对生命、宇宙的形成是多么地至关重要，但本章不会包揽所有的东西；本章介绍了宇宙射线和地球上非自然发生的外星物质形式的证据；本章也会概述中微子在太阳和恒星中的产生，以及中微子天文学。

◀ 费米国家加速器实验室发现中微子 –
粒子相互作用事件的照片

我们已经描述了一个世纪前原子结构和质子是如何通过与高能粒子束的散射而被发现的。然而，无论是原子还是质子，它们存在子结构的第一个迹象可更早地追溯到光谱的发现。

原子内存在电子的第一条线索是，发现原子发出的光具有分立的波长，例如，表现为不连续的颜色，而不是七色彩虹的完整铺展，即所谓的光谱线。我们现在知道，量子力学将原子内电子的运动状态限制为一个分立的集合，其中每个成员都有一个特定的能量大小。原子具有最低总能量的组态被称为"基态"；所有其他具有更高能量的组态，被称为激发态。原子光谱是由它们的电子在激发态之间，或在激发态和基态之间跃迁时辐射或吸收的光构成的。能量总体上是守恒的，两个原子状态的能量差等于在此过程中发射或吸收的光子的能量。正是这些光子的光谱揭示了原子的这些能级的差异，从这类丰富的数据的集合中可以推导出能级的图像。随后，量子力学的发展解释了能级图是如何出现的：它是由束缚于中心原子核周围的电子的电力和磁力的性质决定的。电子和质子之间电力强度与它们距离的平方成反比，尤其是最简单的氢原子，与这一熟知的事实密切相关。

在质子中也发生了类似的一系列情况。20世纪50~60年代，当第一次进行"原子粉碎机"实验时，发现了许多短寿命并且质量较重的质子和中子的"同胞"，称为"共振态"，呈现出五花八门的态。尽管当时并非如此，但事后看来，很明显，有证据表明，质子和中子是由夸克组成的复合系统。正是这些夸克的运动决定了质子和中子的大小，类似于电子的运动决定了原子的大小。也就是说夸克提供了质子或中子的电荷和磁性。虽然组成中子的夸克的电荷加起来为零，但它们各自的磁性并不抵消，从而导致了中子的磁矩。当夸克处于最低能量状态时，展现出的这种构型就是我们所说的质子和中子；当一个或多个夸克被激发到束缚它们的势场中的一个更高的能级时，形成一个短寿命的共振态，具有相应较大的静止能量，或质量。因此，短寿命共振态的谱学是由组分夸克的激发而产生的。

这与原子的情况类似。然而，有一些重要的区别。当越来越多的能量被给予原子中的电子时，它们会被激发到越来越高的能级，直到它们最终从原子中释放出来。在这种情况下，我们说原子被电离了。在第 2 章中，我们看到了 10^4K 的温度如何提供足够的能量使原子电离，就像在太阳中发生的那样。在质子情况下，当它被更高的能量撞击时，它的夸克就会被激发到更高的能级，并且可以看到短寿命的共振态。通过发射光子或者发射正如我们将看到的其他粒子，这种能量被迅速地释放出来，这时共振态又会衰变回到质子或中子。从来没有人将一个质子电离并单独释放出它的一个组分夸克，夸克似乎永远被禁闭在一个大约 10^{-15}m 的区域内，这个区域就是质子的"大小"。除此之外，这是夸克之间的力的本质的结果，这个故事在定性上类似于原子内部的电子。激发态的寿命很短，通常以 γ 射线光子的形式释放出多余的能量，然后跳回到基态（质子或中子）。相反，我们可以通过将电子同质子和中子散射来激发出这些共振态。

最后一个类比出现在 1970 年左右。在斯坦福大学，电子束被加速到能量超过20GeV后与质子进行散射。与半个世纪前卢瑟福发现的现象类似，观测到电子以大角度散射。这是电子与夸克碰撞的直接结果，夸克是组成质子的点状基本粒子。

在随后的30年里，这些实验被扩展到更高的能量，最近是在德国汉堡的 HERA 加速器上。由此得到的质子的高分辨率图像加深了对把夸克束缚一起的相互作用力的本质的深刻理解。这导致了被称为量子色动力学的夸克理论。我们将在第 7 章中进一步介绍。它描述的 10^{-16}m 以下距离的夸克和胶子的相互作用的能力，已经通过了每一个实验的检验。

4.1 带有味的夸克

三个夸克聚集在一起就足以产生一个质子或一个中子。产生质子和中子需要两种不同类型（或"味"）的夸克，即"上夸克"和"下夸克"（传统上分别用它们的英文名称"up"和"down"的首字母 u 和 d 来简称），其性质如表 4.1 所示。两个上夸克和一个下夸克构成一个质子；两个下夸克和一个上夸克构成一个中子。

表 4.1　上夸克和下夸克的性质

夸克	电荷	mc^2/MeV	自旋
上	+2/3	≃4	1/2
下	−1/3	≃5	1/2

夸克是带电的。上夸克携带的电荷是质子（正电荷）的 2/3，而下夸克携带的电荷是质子的 −1/3（即负电荷）。因此，由于集合

的总电荷是各个部分的总和，我们得到质子的电荷 p(uud) = 2/3+2/3−1/3 = +1，中子的电荷 n(ddu) = −1/3−1/3+2/3 = 0。

粒子有一个内禀角动量，或"自旋"。自旋量的测量单位是约化普朗克常量，即 h 除以 2π；在原子物理和粒子物理中，用符号 $\hbar$ 表示。质子、中子和夸克都有一个自旋角动量 $\hbar/2$，或在平时简记为"自旋 1/2"。

自旋可以相加或相减，只要总自旋不是负的。所以把两个自旋为 1/2 的粒子组合起来，结果不是 0 就是 1。把三个加在一起是 1/2 或 3/2。质子和中子的自旋为 1/2，三个夸克将它们各自的自旋耦合为前一种可能性就导致了这个结果。当这些夸克组合成 3/2 时，具有稍大的总能量，这就形成了被称为"Δ 共振态"的短寿命粒子，它们的质量比质子或中子的质量大 30% 左右，在衰变回到更稳定的中子或质子之前，它们的存在时间不到 10^{-23}s（10^{-23}s 太短了，以致难以想象，但大致相当于光穿过单个原子核所需要的时间）。量子理论的规则（"泡利不相容原理"）只允许夸克的自旋和味道进行特定的关联，正是这一点从根本上禁止了三个相同的上夸克（或下夸克）组合成 1/2 的总自旋；因此，没有由 uuu 和 ddd 分别构成的带 +2 和 −1 电荷的质子和中子的"同胞"。相反，当三个夸克把它们的自旋耦合为 3/2 时，三种相同味道的夸克可以集聚在一起。于是存在诸如 Δ^{++}(uuu) 和 Δ^{-}(ddd)（上标表示其电荷）等例子。关于这些相互关系是如何产生的，全部细节涉及控制夸克之间强作用力的夸克性质（见第 7 章），但超出了这一通识读本的范围。图 4.1 给出了夸克自旋以及它们如何组合。

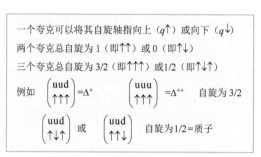

图 4.1 夸克自旋以及它们如何组合

单个夸克的质量大约是电子质量的 10 倍。由于质子或中子彼此具有相似的质量，而且比电子的质量大近 2000 倍，所以要面对两个问题：一个是，质子和中子如何获得如此大的质量；另一个是，这些夸克的质量或许被看作与电子的质量类似，是否暗示着物质的基本组分之间存在着某种更深层次的统一。

夸克彼此抓在一起如此之紧，以至于它们永远被囚禁在集团中，比如三个夸克一组形成的实体就是我们所说的质子。没有一个夸克从这样的家族中被孤立出来，它们只在质子大小（10^{-15}m）的范围内活动，正是在质子这个"费米宇宙"中的禁闭，使它们具有 938MeV 的集团能量，这就是质子的质量。我们看到了长度和能量是如何关联起来的，10^{-15}m 量级的距离对应于大约 1GeV 的能量。这里相关的精确对应关系涉及 2 和 π 的因子，这超出了牛津通识读本的范畴，它涉及的质量只有几兆电子伏特，而当被限制在 10^{-15}m 的费米微观世界时，其能量为 200～300MeV。夸克彼此之间有强相互作用（必须如此，才能保证它们不会逃逸！），质子的质量是如何精确地成为 938.4MeV 的全部细节，目前我们还没有能力从理论中推导出来。

下夸克比上夸克重了几兆电子伏特。我们不知道为什么会这样（事实上，我们不知道为什么这些包括电子在内的基本粒子具有它们现在的质量），但这确实解释了为什么中子比质子稍重一些。像uud（质子）和 ddu（中子）这样的三夸克组合，由于它们都陷在 10^{-15}m 的阱内，各自的质量约为 1GeV。由于两个特点，所以它们会有一个 MeV 数量级的差异：①相对于质子，中子有一个额外的下夸克，而牺牲了一个上夸克，这个下夸克的质量更大一些，使形成中子的总质量大于质子的三夸克组合；②两个上夸克和一个下夸克（如质子）之间的静电力将不同于两个下夸克和一个上夸克（如中子）之间的静电力。这些也对 MeV 尺度的总能量有贡献。因此，中子和质子之间的质量差（实验上为 1.3MeV）是由其组分夸克之间的静电力，以及相对于上夸克而言下夸克的内禀质量更大所致。

上夸克和下夸克是夸克家族的"同胞"。电子不是由夸克组成的，就我们所知，它本身就是最基本的，像夸克一样。就其本身而言，它属于一个不同的家族，称之为"轻子"。尽管上夸克和下夸克配成一对，但它们各自所带有的电荷相差一个单位（即 +2/3-(-1/3)=1），同样，电子也有一个同胞，其电荷与电子的电荷相差一个单位。这种不带电的粒子被称为中微子。

中微子是由许多原子核的放射性衰变产生的。在这些过程中，它们总是和它的同胞——"电子"一起出现。例如，只要中子没有被囚禁在原子核中，它就会变成质子，在这个过程中发射一个电子和一个中微子，如图 4.2 所示。这就是所谓的 β 衰变，其中，中子的不稳定性是由于它的质量略大于质子。大自然寻求最低能量的状态，在这种情况下它将转化为最低质量的状态。当中子单独存在时，正是中子的很小的多余质量使它（稍微地）不稳定。如果你有一个很大的中子样本，每个中子都不受另一个中子的影响，那么大约 10min 后，一半会因 β 放射性而衰变。如果我们用符号 n，p 来分别表示中子和质子，用 e⁻，v 来分别表示电子和中微子，那么中子的 β 衰变可以总结为表达式：

$$n \longrightarrow p+e^-+v$$

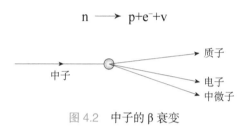

图 4.2　中子的 β 衰变

中子总体上不带电荷；电荷在 β 衰变过程中得以守恒，因为质子有一个单位的正电，与电子的负电荷相平衡。质子，作为由三个夸克组成的最轻的态，是稳定的或者至少是稳定的（假如质子是不稳定的，它们的平均寿命大于 10^{32} 年！）

4.2　中微子

除了不带电荷之外，中微子几乎没有质量，而且可以穿过几乎所有东西。由于不会察觉到作用于物质内部的正常电磁力，中微子很难被探测到。象征性地说，它是最无用的粒子。

中微子是宇宙大爆炸的第一个"化石"遗物，是宇宙最早期的信使。中微子决定了宇宙膨胀有多快，并可能决定宇宙最终的命运。在像太阳这样的恒星中，当生成帮助孕育生命所必需的重元素时，中微子是必不可少的。太阳的动力来自于中心附近的质子相互碰撞、集聚并形成氦核。在聚变的过程中，一些质子通过 β 放射性形式变成了中子，而中微子则在此过程中被发射出来。这种效应是巨大的：太阳每秒产生 2×10^{38} 个中微子，这是在 2 后面跟着 38 个零。我甚至无法想象这个数字有多大——它就像整个宇宙与单个原子的相对大小一样。这些中微子飞向太空，许多撞向地球。每秒钟大约有 4000 亿个来自太阳的中微子穿过我们每个人。

在地下，诸如铀这类元素的天然放射性也释放出中微子，每秒约有 500 亿个中微子撞击我们。所以，太阳确实发出了很多东西：在向太空扩散 1 亿公里后，每秒从太阳发出的辐射是我们所在的脚下方发出的辐射的 8 倍。而我们自己也有放射性（主要来自骨骼中钾元素的衰变），每秒钟释放约 400 个中微子。

总而言之，中微子是所有粒子中最常见的粒子。在宇宙中四处飞行的中微子甚至比构成光的基本粒子——光子还要多。

由于它们如此普通，它们的质量可能会影响宇宙的引力。如果它们有质量的话，它是如此之小，以至于到目前为止还没有人能够设法测量到它，但有迹象表明他们可能会做到这一点（在第 10 章中描述）。

来自太阳的中微子几乎不受约束地穿过物质，所以它们晚上飞到我们床上的数量和白天射到我们头上的数量一样多，其中一个中微子可以穿过一光年厚的铅而不撞上任何东西。中微子的这种特性经常在科普文章中被提到，并引出了一个明显的问题：我们如何探测它们？有两方面可以帮助我们。

第一是使用非常强的中微子源，意味着侥幸的机会使一两个中微子会在某个探测器中撞到原子并被记录下来。尽管一个中微子可能极其罕见地（或一光年内）发生一次相互作用，但太阳释放了这么多中微子，总有机会能帮到我们。就像你或我几乎没有机会中彩票，但有足够多的人参加进来则总会有人中奖。有足够多的中微子照射在我们身上，则其中一些会在途中撞上原子。因此，用一个足够大的容器，里面的物质可能是水，或者铁，甚至是清洗液（氯在探测中微子时特别有用），就有可能偶尔探测到来自太阳的中微子。一门叫作"中微子天文学"的新科学正在起步。这已经显示，实际来自太阳的中微子比我们依据对太阳的理解所预期的中微子要少。然而，问题并不是太阳，就像第10章所描述的那样，中微子似乎在传输过程中发生了一些变化。

第二个帮助我们的是，它们的"羞怯"只适用于那些低能量的中微子，比如太阳发射的中微子。相比之下，（在某些宇宙过程或高能粒子加速器中产生的）高能中微子更倾向于暴露自己。因此，正是在高能加速器中，我们产生了中微子，并对它们进行了详细的研究。就是在这里，我们得到了第一个线索，中微子确实有一个极小的但非零的质量。这可能会让我们重新思考关于宇宙学的一些概念。

4.3　反粒子

夸克和电子是原子和我们所知道的物质的基本种子。但这还不是完整的故事。它们还以一种镜像形式出现，被称为反粒子，即反物质的种子。每一种粒子都有它的"反"形式：一种质量、自旋、大小和电荷量都与其自身相同的粒子，但电荷的符号是相反的。所以，举例来说，带负电荷的电子有一个带正电荷的实体作为它的反电子，被称为正电子，不要与质子混淆。质子的质量几乎是正电子的 2000 倍，并且有自己的反粒子，即带负电荷的反质子。使电子和质子组合形成氢原子的力也能使正电子和反质子形成反氢原子。

我们可以在表 4.2 中总结到目前为止我们遇到的基本粒子和反粒子的电荷。

表 4.2　物质的基本粒子及其反粒子

粒子	电荷	反粒子	电荷
电子 e⁻	−1	正电子 e⁺	+1
中微子 ν	0	反中微子 $\bar{\nu}$	0
上夸克 u	+2/3	反上夸克 $\bar{u}$	−2/3
下夸克 d	−1/3	反下夸克 $\bar{d}$	+1/3

因为质子由 uud 组成，所以反质子由相应的反夸克 $\bar{u}\bar{u}\bar{d}$ 组成。传统的做法是用对应粒子的符号来表示反粒子，再在其上方画一条线。情况都是如此，除非电荷被指定，在这种情况下反粒子的电荷是相反的（例如正电子，由于历史原因它被一致地表示为 e⁺）。同样，对于中子 ddu，反中子是由 $\bar{d}\bar{d}\bar{u}$ 组成的。因此，尽管中子和反中子具有相同的电荷，但它们的内部结构将它们区分开来。中微子和反中微子也有相同的电荷，但它们的区别属性更微妙。当中微子与一个物质粒子（比如中子）相互作用时，它们会转化为电子，而

中子则转化为质子，从而保持总体的电荷守恒：

$$v + n \longrightarrow e^- + p$$

在这个意义上，我们看到中微子对电子有亲和力，而反中微子对正电子也有类似的亲和力。电荷守恒会阻止反中微子与中子发生相互作用，从而产生类似上述现象，但如果反中微子撞击质子，它就会呈现：

$$\bar{v} + p \longrightarrow e^+ + n$$

我们已经看到了三个夸克是如何组合在一起形成像质子和中子这样的粒子（一般来说，这些三夸克复合粒子被称为重子）。由三个反夸克组成的团簇统称为反重子。夸克和反夸克可以集聚在一起；每一种取一个就足够了。因此，如果我们用 q 来表示 u 或 d，用 $\bar{q}$ 来表示反夸克，有可能形成 $q\bar{q}$ 的四种组合。由于一个三夸克团簇被称为重子，所以这个夸克和反夸克的组合被称为介子。就像质子和中子一样，这些介子也有更高能量的"共振"态。

反物质最著名的特性之一是，当它与物质相遇时，两者会瞬间相互湮灭成一束辐射，比如光子。因此，介子寿命不长就不足为奇了。一个夸克和一个反夸克，限制在 10^{-15}m 的费米宇宙中，在十亿分之一秒或更短的时间内相互湮灭。即便如此，这些昙花一现的介子在我们的宇宙构建过程中也发挥了作用。最熟知的，也是最轻的构型是 π 介子，例如，π^+(u$\bar{\mathrm{d}}$) 和 π^-(d$\bar{\mathrm{u}}$)，日本理论物理学家汤川秀树于 1935 年预测它们是原子核内的昙花一现的实体，提供了强大的吸引力把原子核集聚在一起。随后在 1947 年的 π 介子发现完美地证实了这一理论。今天，我们知道了它们更深层次的结构，也更深刻地了解了作用在夸克和反夸克上的力，它们构建了介子和重子并最终形成原子核（见第 7 章）。

　　我们可以用上下夸克构造两种中性的组合：u$\bar{\text{u}}$ 和 d$\bar{\text{d}}$。这两种中性的组合导致了中性的 π 介子：π⁰，并产生另一种中性的 η 介子。为什么一个夸克可以如此有力地紧抓住一个单独的反夸克，而三个夸克或三个反夸克被吸引而形成重子或反重子？这将在下一章描述。

第 5 章

宇宙加速器和
人造加速器

宇宙射线是免费的，但却是随机的；对实验可控性的追求促使人们建造了粒子加速器。本章介绍了在实验室中用粒子束打靶和让粒子束对撞，以及各自的优点。另外，物质和反物质的束流［在大型电子－正电子（LEP）对撞机中的电子和正电子，质子和反质子］、粒子工厂等也会被提及。

◀ 电子和正电子的轨迹。这些轨迹显示了
粒子簇射的一部分，从右向左穿过氢氖
气泡室

一个世纪以来，粒子束一直被用来揭示原子的内部结构。这些粒子束流从天然放射性自然产生的 α 和 β 粒子，发展到宇宙射线，再到现代加速器中的电子、质子和其他粒子的强束流而被不断丰富。通过将初级粒子束撞向靶，部分能量可以转化为一些新的粒子，这些新的粒子本身也可以被收集起来，成为次级粒子束。因此，π 介子束和中微子束，以及被称为 K 介子和 μ 子的其他粒子束流，都被产生出来，和它们一起产生的还有诸如正电子和反质子等反粒子。甚至还有一些重离子束——即被剥离了电子的原子，它们可以使要研究的重核之间发生剧烈的碰撞。

不同的粒子以互补的方式探测物质。正是通过将这些不同方法得到的信息结合起来，我们现在的丰富图像才得以显现。

有时，这些束流被指向固定的靶。近年来，越来越多的研究策略是产生反方向旋转的粒子和反粒子束流，比如电子和正电子，或质子和反质子，然后让它们迎头对撞。这种技术使我们能够研究一些原本通过其他办法不可能研究的问题，我们稍后会看到。

人们对宇宙射线也重新有了兴趣，在宇宙射线中自然界提供的粒子的能量远远超过了我们在地球上所能企及的能量。问题是这种射线是随机出现的，而且强度远不如加速器制造出来的束流强。正是因为渴望在受控条件下复制宇宙射线，才诞生了现代加速器上的高能物理学。今天我们认识到，宇宙大爆炸可能产生出一些奇特粒子，远比我们在地球上所能制造的要重得多，但它偶尔会在宇宙射线中出现。我们在宇宙射线中发现了奇异粒子（见第 8 章），后来在加速器实验中把它们产生出来；人们希望加速器能带来更多类似的发现。

恒星和超新星会发射中微子，人们在地下建造了特殊的实验室，以阻挡除中微子等最具穿透力的粒子之外的所有其他粒子的到达。中微子天文学是一个新的科学领域，预计将在 21 世纪初的几十年内开花结果。也有人试图找到极其稀有的事件的证据，例如，质子不稳定和衰变的可能性，即使它有超过 10^{32} 年的半衰期。该技术需要有巨大的样本，如游泳池容积的纯水。尽管质子的平均寿命的预期如此之长，但量子理论表明，单个质子的寿命可能比这长得多，也可能比这短。因此，在足以塞满一个巨大池塘的 10^{33} 个质子中，可能一年内有 1～2 个会衰变。如果等待足够长的时间，你可能会幸运地成为见证人。

这些都是所谓的非加速器物理的例子，粒子通过自然过程产生，人们再藉由各种效应来探测它们。在地球上，我们可以在实验室里用粒子加速器制造出高能粒子强流束。在本章中，我将集中讨论加速器是如何发展的，以及在制造它们时涉及了什么。读者亦能因此对近期高能粒子物理领域的实验计划有更深的理解。

带电粒子可以用电力加速。比如，给电子施加足够大的电力，它就会沿着直线运动得越来越快，就像斯坦福大学的直线加速器一样，它可以将电子加速到 50GeV 的能量。

在磁场的影响下，带电粒子的路径会弯曲。通过利用电场来加速它们，利用磁场来弯曲它们的轨迹，我们可以操纵粒子一遍又一遍地绕圈。这就是巨大的环背后的基本原理，就像位于日内瓦的 CERN 的 27km 长的加速器一样。

5.1 从回旋加速器到同步加速器

对原子的探索是从放射性物质产生的 α 和 β 粒子束开始的。但是这些单个粒子的能量很小，从而限制了它们突破核外电子靠近原子核的能力。高能粒子束改变了这一切。

最初的想法是，通过一系列由相对较低的加速电压产生的小推力将粒子加速到高能量。粒子在真空管中穿过一系列独立的金属圆筒，在圆筒中没有电场，粒子只是简单地沿圆筒运动。但是通过在正负之间切换的交流电压，在跨过圆筒之间的间隙处建立起电场。交变电压的频率与圆筒的长度相匹配，使粒子在进入间隙时，总是感觉到被加速，而不是被制动。以这种方式，粒子在每次穿过一个圆筒和下一个圆筒之间时都会被加速。这就是现代直线加速器的运行原理基础。通常这样的"直线加速器"是短小的低能量的机器，但它们也可以是高能量和长距离的，如斯坦福直线加速器。它们最常被用于今天的大环形加速器的初始阶段。

创建环形加速器的想法是由欧内斯特·劳伦斯提出的，他利用磁场将粒子弯曲进入圆形轨道。两个中空的半圆形金属腔，或"Ds"（D shape 的缩写，意为 D 形盒），彼此面对面放置，形成一个圆形，Ds 的两个平面之间有一个小间隙。整个结构只有 20cm宽，劳伦斯将其置于电磁铁的南北极之间让粒子绕着曲线旋转，同时间隙中的电场对它们进行加速。在被间隙中的电场加速后，它们会沿着圆形路径拐弯，直到与后面半轨道处的间隙相遇。通过这个装置，它们可以多次穿过同一个加速的间隙，而不是穿过一连串的间隙。随着速度的增加，它们呈螺旋状向外移动，但相继跨越间隙的时间间隔保持不变。

为了持续不断地加速粒子，间隙中的电场必须以粒子完成环路的相同频率来回切换。那时，从旋转装置中心的源发出的粒子将螺旋式地向边缘移动，并极大地增加了能量。

这种装置被称为"回旋加速器"，它基于粒子总是用相同的时间转完一圈的原理工作。然而，这在实践中只是近似正确的。随着粒子能量的增加，狭义相对论的效应发挥着越来越重要的作用。特别是，加速的阻力越来越大，当速度接近光速时，要获得相同的加速度需要更大的力。被加速的粒子转一圈需要更长的时间，最终到达间隙的时间太迟，以至于在环的加速部分捕获不到交流电压。

解决方案是调整施加电压的频率，使其在粒子花更长的时间回转时能保持同步。然而，有一个问题：以可变频率运行的机器不能再像回旋加速器那样加速连续不断的粒子流了。改变频率与高能量粒子保持同步，意味着那些能量仍然较低的粒子都将变得不同步。"同步回旋加速器"转而每次从源获得一束粒子，并将这些粒子加速到磁铁的边缘。

同步回旋加速器能够将质子加速到足够的能量，使其与原子核碰撞产生 π 介子，我们现在知道，π 介子是由一个夸克和一个反夸克组成的最轻的粒子。然而，这台机器的直径接近 5m，要获得更高的能量，比如产生更大质量的奇异粒子，是不切实际的（图 5.1）。

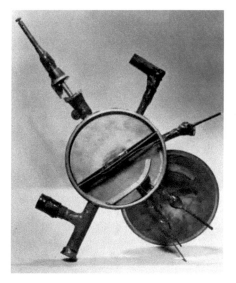

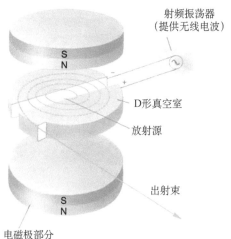

射频振荡器
（提供无线电波）

S
N

D形真空室

放射源

出射束

S
N

电磁极部分

图 5.1　劳伦斯最初的回旋加速器直径只有 13cm。引导粒子沿着环形路径运动的磁场由两块电磁铁提供。它们垂直粒子的路径产生一个南北方向垂直的场，这些粒子被抑制在一个水平的平面内。它们在一个电场的作用下加速，电场穿过两个 D 形金属真空室之间的空隙。处于中心的一个放射源提供了这些粒子。粒子在回旋加速器的磁场中旋转，但随着能量的增加，它们的弯曲程度变小，于是呈螺旋形向外旋转，直到它们从机器中抛射出来

解决办法是，随着被加速的粒子不断获得能量，不断增加磁场强度，从而使它们保持在同一轨道上，而不是呈螺旋形向外旋转。此外，回旋加速器巨大的单个磁铁可以用一些由更小的磁铁组成的甜甜圈状的环所取代，这是所熟悉的现代加速器环的形状。粒子通过一个被磁铁环绕的圆形真空管道，每转一圈，在环的一个或多个位置施加频率变化的交变电压，使它们加速；并且通过稳定增加的磁场强度使它们保持在其通过管道的环形路线上。这样的机器被称为同步加速器，它仍然是大型现代加速器的基础。第一批大的同步加速器是在美国的布鲁克海文和日内瓦的 CERN，到 1960 年其能量达到 30GeV（图 5.2）。

图 5.2　布鲁克海文国家实验室的高能同步稳相加速器是第一个投入运行的质子同步加速器，它于 1952 年将质子加速到 3GeV 的能量。磁铁环被分为四个部分（最近的部分在这里可以清楚地看到），每个部分由 72 块钢块组成，大小约 2.5m × 2.5m，孔径为 15cm × 35cm，以便让束流通过。这台机器于 1966 年停止运行

在 20 世纪 60 年代，夸克理论出现了，随之而来的挑战是，要达到 100GeV 以上的能量，寄希望以实现把夸克从质子中轰击出来。

到 20 世纪 70 年代中期，技术的进步带来了更强大的磁铁，通过将它们放置在直径超过一公里的圆环上，美国芝加哥附近的费米实验室和 CERN 已经获得了能量约为 500GeV 的质子。到 1982 年，费米实验室的粒子束流已经达到了 1000GeV，或 1TeV，并成为众所周知的 "Tevatron"（"万亿电子伏加速器"）。

今天，超导磁体使更强大的磁场得以实现。在费米实验室，在 Tevatron 旁边有一个更小的环，被称为主注入器。主注入器的任务之一是将 120GeV 的质子引到靶上，从而产生用于实验的次级粒子束。提取的质子撞击碳或铍的特殊靶，产生大量 π 介子和 K 介子。这些 π 介子被允许衰变以产生中微子束流，而 K 介子可以被分离出来，形成 K 介子束流用于实验。人们用性质不同的各色粒子轰击靶粒子来探测后者的各种特性，从而建立起关于靶粒子的丰富图像。

主注入器还将 120GeV 的质子对准到一个特殊的镍靶上，其能量足以产生更多的质子和反质子（产率高达每小时 2000 亿个反质子）。反质子，即质子的反物质形式，带负电荷而不是带正电荷，这意味着它们可以在 Tevatron 的超导磁体环上与质子同时以相同的速度运动，但方向相反。一旦这些粒子达到 1000GeV 或 1TeV 时，两束粒子就会迎头对撞。Tevatron 就达到了它的最终目标：质子和反质子在这样的能量上碰撞，即重现了宇宙大爆炸后还不到一万亿分之一秒时的状况。

2007 年以来，在大型强子对撞机（LHC）[①]上，一个长达27km

① 为了节省成本，物理学家们没有开凿一条昂贵的新隧道来容纳新的对撞机，而是决定拆掉原来安置在欧洲原子核研究中心的 LEP 加速器，代之以建造 LHC。——译者注

的磁环引导着能量高达 7TeV 的质子。特殊的磁铁引导两个反向旋转的质子束或原子核束迎头相遇。这是碰撞束技术的顶峰,已成为 21 世纪初高能物理研究的主要策略。图 5.3 为 CERN 的 LEP 的 27km 环形隧道内的景象。

图 5.3 CERN 的 LEP 的 27km(17mi)环形隧道内的景象,该对撞机从 1989 年运行到 2000 年。电子和正电子在束流管道中以相反的方向穿过数百个棕色和白色的弯曲磁铁(偶极磁体)和蓝色的聚焦磁铁(四极磁体)。最初,LEP 将束流加速到约 90GeV 的对撞总能量,但到 2000 年 10 月运行最后关闭时,它已经达到了 200GeV 以上

5.2　直线加速器

斯坦福直线加速器(SLAC)是世界上最长的直线加速器(图 5.4)。它在 3km 内就能将电子加速到 50GeV,而在环形加速器 LEP 中,电子可以被加速到 100GeV,但需要 27km 长的环。为什么会有这

样的差异？是什么决定了要制造直线加速器还是环形加速器？

图 5.4　SLAC 的 3km（2mi）长的直线加速器。电子从加速器的"枪"出发，即从图片左下角的机器末端的加热灯丝中释放出来。这些电子实际上是"乘驭"着电磁波，穿行于 10 万个连成串的直径约 12cm 的铜腔中。整台机器在地下 8m 的隧道中排成直线，横向误差不超过 0.5mm。我们能辨认出的直线加速器的直线的地表建筑包含许多提供无线电波的速调管

　　电子同步加速器工作得很好，除了一个基本的问题：当高能电子在环形轨道上运动时，会辐射能量。轨道半径越小，粒子的能量越高，被称为同步辐射的辐射就越强。质子也发射同步辐射，但因为它们的质量是电子的 2000 倍，所以它们可以在能量损失变得严重之前达到更高的能量。但即使能量只有几 GeV，在同步加速器中转圈的电子也会辐射出大量的能量，这必须通过加速腔内的无线电波泵入更多的能量来提供。正是由于这些原因，直到最近要建直线的高能电子加速器。其实，环形加速器用来加速电子是其带来的特别的优势。具体来说，迎头对撞比撞击固定靶更有效地利用了能

量。第二个主要优势是能够用其他途径都不可能达到的方式进行探测。例如，在 LEP 中电子与正电子湮灭，让束流反向旋转是获得所需高强度的唯一有效方法。

LEP 是一种在 27km 长的隧道里的环形机器。这是一种针对轻的电子和正电子绕圈运动的问题的方案，需要这样的距离才能使它们达到 100GeV 而不会在辐射中浪费太多的能量。在环形轨道上达到几百 GeV 的能量需要几百公里的距离，这是不可能的。这就是为什么制造直线对撞机是更长远的未来计划。

这个想法是为正负电子各建造一台直线加速器。在现代加速技术下，仅需数英里的加速距离便可实现几百 GeV 的对撞能量。在这样的能量下，它可以产生 t（顶）夸克和它的反夸克，以及 Higgs（希格斯）玻色子（见第 10 章）。

在直线加速器中，要进行一次对撞机会难得，在那里束流只相遇一次，要想发生碰撞，就要求高强度的束流，其直径小于 1μm（10^{-6}m）。实际情况是撞不上的概率大于命中率。由于每个束流内的同类电荷会相互排斥，所以产生和控制这种紧密聚焦束流是一项技术挑战。

5.3　对撞机

在以固定靶为目标的直线加速器中，碰撞的碎片被向前推进，就像一辆静止的汽车被另一辆汽车追尾时被迫向前冲一样。当束流击中一个固定靶时，束流粒子来之不易的能量在很大程度上被转化为动能，即转移给了靶中的运动粒子，实际上被浪费掉了。如果我们能使粒子迎头对撞，使它们的能量可以用在它们之间的相互作用上，这个问题就可以克服。在这样的对撞中，碎片飞向四面八方，能量也随之被重新分配，没有任何能量被"浪费"在让静止的靶粒子们运动上。

早在20世纪40年代，加速器的建造者们就清楚这些道理，但粒子对撞机花了20年时间才成形，又花了15年时间才成为粒子加速器的主要形式，迄今依然如此。问题出在粒子往往会相互错过，直到近30年，技术才变得可行。

对撞机的主要应用是使粒子和反粒子之间发生对撞，主要是质子和反质子对撞，或电子和正电子对撞。

质子是夸克团簇，反质子同样是由反夸克组成的。质子和反质子的质量是电子的近2000倍，遭受较少的同步辐射的损失，还具有较大的冲击力。因此，当我们的目标触及以前未被探索过的更高能量时，它们是最佳选择。1983年，CERN的质子和反质子之间的迎头对撞导致了弱力的载体 $W^{\pm}$ 和 Z^0 的发现（见第7章）。然而，对撞导致大量碎片，因此寻找 W 或 Z 就像大海捞针。由于质子的能量在构成它的夸克间随机分配，一个单独的夸克遇到一个反夸克的能量是否与形成 Z^0 或 $W^{\pm}$ 所需的能量相匹配，纯属偶然。尽管如此，在采集到的对撞图像的一百万个特例中会出现一个 Z^0 或 $W^{\pm}$。接下来的挑战是，去除无用且混杂的巨大背景，以正常地产生 Z^0。这可以通过调整电子和正电子的束流到所需的能量来实现。它导致了 LEP 的诞生。用这样的机器做实验所面临的技术挑战可以参照 LEP 来说明。

当 LEP 在 20 世纪 90 年代开始运行的时候，针状的电子和正

第**5**章 宇宙加速器和人造加速器

电子束每隔 22μs（一百万分之二十二秒）就会在探测器的中心互相穿过一次。虽然每个束流中大约有 1 万亿个粒子，但它们极其微细，以致它们之间的相互作用极为罕见。大约每 40 次的束流交叉才会发生一次对撞。我们面临的挑战是，如何识别和收集感兴趣的事例，并且在记录一些更寻常的事例时不要错过它们。一次电子的"触发"反映了由对撞产生的第一个信号，在 10μs 内要"决定"是否有某种感兴趣的结果发生。如果发生了感兴趣的结果，就会开始读取和组合来自探测器所有部件的信息，并在计算机屏幕上重建出粒子的运动轨迹，显示出能量在探测器中沉积的位置。

最近正在建造[①]一个质子甚至原子核的对撞机来代替 LEP，这就是 LHC。它最终将能把质子加速到每个束流 8 万亿电子伏特（8TeV）的能量，从而使它们以 16TeV 的总能量对撞。这比 LEP 的对撞能量大了近 100 倍，比费米实验室的质子 – 反质子对撞能量大了近 10 倍。

在汉堡有一个独特的非对称对撞机，其中一束质子与一束电子或正电子对撞。由此产生的对撞能够在 10^{-19}m 的距离上对质子的子结构及其夸克的子结构进行探测。

5.4　工厂

近年来，正反物质异同之谜已成为焦点。这导致了人们对奇异粒子和其反粒子——K 介子们的性质产生了浓厚的兴趣，在大约 50

---

① 建造完成的 LHC 于 2008 年 9 月 10 日 15 : 30 正式开始运行，成为世界上最大的粒子对撞机设施。——译者注

年前就发现了极其微妙的不对称性，而它们的底夸克（b夸克）的类似物（见第109页）也被预言有很大的不对称性。这导致了粒子"工厂"的概念，它们能够产生尽可能多的K介子或B介子。

这个想法是让电子和正电子在特定的能量下对撞，"调整"到分别产生K介子或B介子，而不是其他类型的粒子。在罗马附近的弗拉斯卡蒂（Frascati），有一台名为DAFNE的加速器，这是一台小机器，它可以安装在一个比体育馆稍大一点的空间里。它的电子和正电子湮灭的总能量只有1GeV，非常适合制造K介子。

一个"B工厂"使电子和正电子以10GeV左右的总能量对撞，对于产生B介子和它们的反粒子（$\bar{B}$，读作B-bar）最为合适。竞争是如此引人注目，即20世纪90年代末建成了两台机器——斯坦福大学的PEP2和日本高速加速器研究机构（KEK）实验室的KEKB。

"B工厂"与以前的电子-正电子对撞机有一个有趣的不同。在标准的电子-正电子对撞机中，束流沿相反的方向运动，但速度相同，因此当粒子相遇时，它们的运动正好抵消。其结果是当电子和正电子相互湮灭时产生的"爆炸"是静止的，新产生的物质和反物质粒子相当均匀地出现在各个方向。在"B工厂"中，对撞的粒子束有不同的运动速度，所以产生的爆炸本身是运动的。

由于这种不对称的对撞，产生的物质和反物质倾向于沿更快的初始束流方向射出，而且具有比静止时湮灭造成的更高的速度。这使得人们不仅更容易观察到被产生出来的粒子，而且还能观察到这些粒子衰变后的产物，这要归功于狭义相对论的一个效应（时间延缓），它意味着粒子在高速运动时存活的时间更长，传播的距离更远（约1mm）。这些都是必不可少的技巧，因为一个B介子，在静止状态下，只活了1ps，即一万亿分之一秒（10^{-12}s），而这是目前可测量的极限。

人们正在计划制造中微子工厂，在那里，强烈的中微子源将使人们能够研究这些神秘的粒子。它们的质量太小，无法直接测量，但可以间接测量它们的质量差异。甚至有可能中微子和反中微子相互转化，这是一种物质变成其反物质的形式，它可能对我们理解这种深刻的不对称性有重要意义。这种效应可以在合适的中微子工厂被测量。

最后，2012年在CERN的LHC质子间对撞产生的碎片中发现了质量为125GeV的希格斯玻色子，这让人们对在更可控的条件下产生大量的这些玻色子产生了兴趣。为了做到这一点，一个计划就是：在125GeV的最佳能量下进行电子－正电子对撞。有很多关于两个直线加速器的讨论，一个是电子加速器，另一个是正电子加速器，校准它们以产生粒子束的迎头对撞。这就是未来如何用加速器进行高能物理实验的可能预期。

第 6 章

探测器：相机和
时光机

探测器百年综述。气泡室——50 年前确实很好，但现代电子工业提供了如此众多的设备。火花室，以及它们的衍生物，LEP 上的瑞士卷①，大型强子对撞机上战舰大小的探测器及图像——它们如何区分粒子的种类，并使我们能够解码对撞的信息？

---

① 如图 6.1 和图 6.2 中，粒子的径迹如同瑞士卷状。——译者注

◀ 计算机模拟的希格斯玻色子衰变产生
四个 μ 子的事件

6.1　早期的方法

探测亚原子粒子的方法比许多人所了解的更为常见。盖革计数器的噼啪声，以及电子等带电粒子撞击特制材料时发出的光，构成我们电视屏幕上的画面，这只是其中的两个实例。

卢瑟福通过原子对 α 粒子束流的影响发现了原子核，它们曾发生了大角度散射。他曾用闪烁的材料来揭示它们从原子核散射出来的情况。卢瑟福和他的同事们不得不用自己的眼睛来观察和计数闪光次数；到了 20 世纪 50 年代，电子元件已经使现代塑料闪烁计数器计数闪光的过程自动化了。

当带电粒子穿过气体时，会留下电离原子的痕迹。从云室到丝状火花室等一系列粒子探测器，都依赖于以某种方式感应这种电离的痕迹。

通过这样的方法，近一个世纪前，卢瑟福就能探测到镭发射的一次一个的 α 粒子。

其关键特点是，该探测器可以极大地放大单个 α 粒子通过时引起的微小电离量。它由一根铜管组成，铜管被抽至低压，并有一根细导线沿中心穿过。在导线和管子之间加有 1000V 的电压，形成了一个电场。在这种配置下，当一个带电粒子通过稀薄气体时，就会产生离子。离子被导线吸引，随着其速度的加快，它们会电离更多的气体，放大初始的效果。一个离子可以产生数以千计的离子，这些离子最终都会落在中心导线上，产生一个大到足以被连接到这根导线上的敏感的静电计检测到的电荷脉冲。

在现代的"盖革计数器"中，导线上的电场如此之高，以至于在计数器的任何地方，一个电子都能触发雪崩式的电离，这使得最微小的电离量都会产生信号。

虽然这揭示了辐射的存在，但与现代高能实验中探测粒子所需要的相去甚远。它们是和其他探测器一起使用的。为了了解如何做到这一点，看看探测是如何发展的会很有帮助。

第一个能够展示带电粒子径迹的探测器是云室，它是一个装有活塞的玻璃室，里面充满了水蒸气。当你迅速抽出活塞时，突然的膨胀会使气体冷却，在寒冷潮湿的空气中形成雾气。当放射性的 α 和 β 粒子通过时，它们会使水蒸气中的原子电离，在它们的径迹周围立即形成云滴。在光照下，这些轨迹就像太阳光中的尘埃一样清晰地显示出来。

云室曾经被用来探测宇宙射线中的粒子，通过与盖革计数器结合，它的效率得到提高。把一个盖革计数器放在云室的上方，另一个放在云室的下方，如果两个同时被触发，那么很可能是宇宙射线穿过了它们，也就暗示宇宙射线穿过了云室。把盖革计数器连接到一个中继装置上，使得它们同时发生放电产生的电脉冲就会触发云室的膨胀，一道闪光就可以把踪迹俘获在胶片上。

第一个反粒子——正电子，还有奇异粒子都是借助云室在宇宙射线中发现的。后来这种技术因乳胶的使用而被取代。

6.2 乳胶

照相底版很早就被用在放射性工作中了。事实上,正是通过照相底版变暗,才发现了 X 射线和放射性。

在 20 世纪 40 年代末,高质量的感光乳胶出现了。当被气球带到高空时,它们产生了首批宇宙射线相互作用的美丽图像。

这些乳胶对高能粒子特别敏感,正如强烈的光线会使照相底版变暗一样,带电粒子的通过也会这样。我们可以通过单个粒子在显影乳胶上形成的暗色斑点线来探测它的路径。粒子实际上是在拍自己的照片。一组覆盖着乳胶的底版就足以收集粒子的径迹;另外,云室是一个复杂的设备,需要移动部件,以便云室可以不断地膨胀和再压缩。因此,乳胶成为并一直是探测和记录带电粒子径迹的有用方法。

6.3 气泡室

加速器的出现产生了高能粒子,这为探测带来了新的挑战。高能粒子在云室中飞行,而不与云室中的稀薄气体中的原子相互作用。例如,要记录一个奇异粒子的整个生命过程,从产生到衰变,在能量为几 GeV 的情况下,就需要一个 100m 长的云室!此外,云室的运行速度很慢,膨胀后的再压缩周期可能需要 1min;到了 20 世纪 50 年代,粒子加速器每两秒钟就产生一次质子脉冲。

此时所需要的是一种能够捕捉高能粒子的长轨迹并快速运行的探测器。气体太稀薄了,做不了这件事,但液体更好些,因为它们的密度更大，这意味着它们含有更多的原子核，高能粒子可以与之相互作用。这把我们引向了气泡室。这个基本概念源于当你让液体保持在一定压力下，且非常接近沸点时所发生的现象。如果你在这种情况下降低压力，液体开始沸腾，但如果你降低压力非常突然，液体将保持液态，即使它现在处于其沸点之上。这种状态被称为"过热液体"，由于它不稳定，所以只有在液体中不发生扰动的情况下，它才能维持。

释放压力，然后立即恢复压力。在低压的临界时刻，进入液体的粒子会产生扰动，并触发沸腾过程，因为它们沿途会将液体的原子电离。在粒子经过的地方，在几分之一秒的时间内会形成一串气泡的踪迹，可以把它们拍摄下来。压力的立即恢复意味着液体再次刚好低于沸点，整个过程可以很快地重复。

气泡室的运行总是与供给它高能粒子的加速器的运行周期密切相关。当活塞完全抽出，压力达到最低，液体处于过热时，这些粒子就会进入气泡室。然后，大约 1ms 后，弧光闪烁，照亮了带电粒子形成的气泡径迹。最低压力和闪光之间的延迟使气泡长大到足以显示在照片上。与此同时，活塞返回向室内移动，再次增加压力，相机中的胶片自动绕转到下一帧。然后需要大约 1s 的时间来"恢复"，并为下一次的膨胀做好准备。因此，气泡室显示的粒子径迹一直在那里，使它们的行为可以在闲暇时被研究。

在磁场中，一个带电粒子的轨迹将是弯曲的，其方向显示出粒子是带正电还是带负电，曲线的半径显示出它的动量。因此，我们可以推断出电荷和动量，如果你知道一个粒子的动量和速度，你就可以计算出它的质量，从而识别出它的身份（图 6.1）。

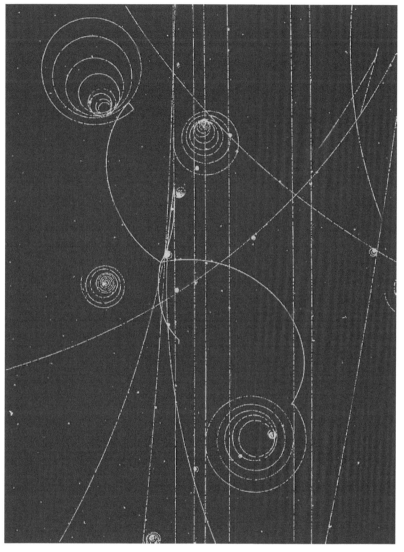

图 6.1　宇宙射线使物理学家首次发现了新的亚原子粒子，后来在粒子加速器的实验中对其进行了详细研究。正电子、μ 子、π 介子和 K 介子都包含在这张取自 CERN 实验室的 2m 气泡室的照片中

其中一种精确确定速度的方法是使用两个闪烁"计数器"，每次带电粒子通过时都会产生一束光。每一束微弱的闪光都被转换成一个电脉冲，然后被放大，以便产生一个信号。这样，两个或多个闪烁计数器就可以揭示粒子的飞行轨迹，因为粒子在每个计数器中都会产生闪光，由经过两个计数器之间所需的时间，可以确定粒子的速度。

然而，在气泡室的情况下，这种技术无助于解决识别难题。通常唯一的方法是给不同的轨道分配身份，然后将相互作用中出现的所有粒子的能量和动量相加。如果它们没有与相互作用前已知的数值平衡，那么假设的身份一定是错误的，必须对其他身份进行测试，直到最后找到一个自洽的图像。这很耗时，但在 1960 年前后，技术水平仅此而已。通过这种试错计算方法来识别粒子，是计算机擅长的重复性工作。而今天，气泡室已经被更适合计算机分析的电子探测器所取代。

6.4　从气泡室到火花室

气泡室可以提供一个完整的相互作用的图像，但它有一些限制。它只有在其中的液体经过快速膨胀后，处于过热状态时才敏感。粒子必须在重新施加压力以"冻结"气泡生长之前的几毫秒的关键时刻进入室中。

要研究大量稀有的相互作用，需要一种更具选择性的技术。在 20 世纪 60 年代，火花室被证明是理想的方案。

基础的火花室由平行的金属板组成，这些金属板之间相隔几毫米，并浸入惰性（活性较低）气体中，如氖气中。当带电粒子通过该室时，它会在气体中留下电离的痕迹，就像在云室中一样。一旦粒子穿过，你在火花室中给彼此间隔开的板加一个高电压。在电场的压力下，沿着电离的径迹形成火花。这个过程就像闪电风暴中的闪电。火花的踪迹可以被拍摄下来，它们的位置甚至可以通过伴随着在电子扩音器上噼啪声到来的时间来记录。无论哪种方式，都可以为后续的计算机分析建立起粒子径迹的图像。

火花室的美妙之处是它有"记忆"，可以被触发。室外的闪烁计数器，反应迅速，可用于精确地确定通过该室的带电粒子。只要这一切发生在 0.1μs 内，火花室间隙中的这些离子仍将存在，高压脉冲将显示出踪迹。

将火花室的板子改为一些由平行金属细丝构成的薄片，相隔 1mm 左右。与每个火花相关联的电流脉冲只由最接近火花的一两根导线所感应，因此，通过记录哪些金属细丝感应到火花，你就可以知道 1mm 内的粒子通过的地方。请注意，丝状火花室产生的信息几乎无须进一步处理就能对接给计算机去分析！

丝状火花室的运行速度比大多数气泡室快大约 1000 倍，并且特别适合于 20 世纪 60 年代开发的记录数据的计算机技术。来自许多探测器例如闪烁计数器、丝状火花室的信号可以输入到一个小型的"在线"计算机里，它不仅可以将数据记录在磁带上，供进一步的"离线"分析，而且还可以在实验进行中向物理学家反馈信息。一组带有三条不同方向的金属细丝的火花室提供了足够的信息来构建粒子径迹的三维图像。而计算机可以计算出粒子的能量和动量，并核验对它们的识别（图 6.2 和图 6.3）。

图 6.2　在这张来自 CERN 的 NA35 实验的图像中，可以看到许多带电粒子的踪迹。这些粒子源自氧离子与一个铅靶中的原子核的碰撞，如图像下缘所示。微小的发亮的光带揭示了它们受磁场影响时的径迹，正粒子弯向一边，负粒子弯向另一边。大多数粒子的能量很高，所以它们的路径只略微弯曲，但至少有一种粒子的能量要低得多，它在探测器中绕了好几圈，仿佛鹦鹉螺的外壳

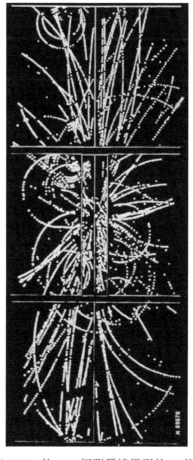

图 6.3 1982 年 CERN 的 UA1 探测器捕捉到的 W 粒子——弱力的带电载体——的首次观测之中的一幅图像。UA1 检测到质子和反质子的迎头对撞，在这个视图中，质子和反质子分别从左边和右边进入，在探测器的中心碰撞。计算机显示屏显示了该仪器的中央部分，它揭示了整个电离过程中由数千根金属细丝记录的带电粒子的踪迹。图像中的每个点都对应着一条记录电离脉冲的导线。图中已经产生了多达 65 条踪迹，其中只有一条揭示了质子与反质子碰撞中瞬间产生的 W 粒子的衰变。这条踪迹是由一个高能电子引起的。当将所有其他粒子的能量加在一起时，沿着与电子相反的方向的较大能量消失了，可能是被一个看不见的中微子偷偷带走了。中微子和电子携带的能量加在一起相当于这个短寿命 W 粒子的质量

在 20 世纪 60 年代，一方面火花室允许快速收集特定相互作用的数据；另一方面气泡室提供了许多完整的事例图像，包括相互作用点或"顶点"。"电子"探测器和"视觉"探测器相辅相成，它们共同为寻找未知粒子的探索者提供了一个快乐的狩猎场。

6.5　电子气泡室

在现代粒子加速器上，与气泡室甚至早期火花室时代相比，相互作用的数量是巨大的。现代的发展包括多丝正比室和漂移室，它们的工作比火花室要快得多并且更精确。特别是漂移室及其变化形式，在当今几乎所有的实验中都用于跟踪带电粒子。

多丝正比室表面上看与火花室相当类似，是安装在充气结构中的由一些平行金属细丝构成的三层平面状的三明治构造，但不同的是，金属细丝的中间层相对于两个外层持续保持大约 5000V 的电压。当带电粒子通过气体时，就会引发雪崩式的电离电子。这样一个具有间隔只有 1~2mm 的金属细丝的室，在一个粒子通过后几百分之一微秒内产生一个信号，并可以处理每秒通过每根金属细丝的多达一百万个粒子，这对火花室来说改进了 1000 倍。

多丝正比室的缺点是，要在很大的体积内追踪粒子，比如说一立方米，需要大量的金属细丝，每根金属细丝都有电子装置来放大信号。此外，它的精度有限。这些问题在"漂移室"中得到了解决，它的基本理念是测量时间，这可以通过现代电子技术非常精确地完成，以显示距离。漂移室同样是由串联在一起的平行金属细丝穿过一定体积的气体，但其中一些导线提供的电场实际上是将一个大体积划分为更小的几块或"单元"。每个单元的作用就像一个独立的探测器，在那里电场把电离电子从带电粒子的径迹引向中央的"感应"金属细丝。电子到达这根金属细丝所需的时间可以很好地度量径迹与感应金属细丝的距离。这种技术可以将粒子径迹的定位精确到 50μm 左右。

6.6　硅显微镜

　　几种奇异的粒子寿命约为 10^{-10}s，在这么短暂的时间内，它们能以接近光速的速度传播几毫米的距离。在这样的距离内，它们留下可测量的踪迹。含有粲夸克或底夸克的粒子存活通常不超过 10^{-13}s，而且可能只传播 300μm。要看到它们，必须确保探测器中最靠近碰撞点的部分具有尽可能高的分辨率。如今，几乎每个实验都有一个硅"顶点"探测器，它可以揭示出短寿命粒子衰变为较长寿命粒子时径迹短短的分叉。

　　当带电粒子通过硅时，它会使原子电离，释放出电子，然后就可以导电。最常见的有关硅的技术是在制造过程中将其表面分割成间隔约 20μm（微米为百万分之一米）的细平行条带，从而使测量粒子径迹的精度超过 10μm。

　　硅微条探测器在对撞机中发挥了自己的作用，它提供了高分辨率的"显微镜"，可以看到束流管道内部，在那里，粒子的衰变顶点可以发生在靠近碰撞点的地方。它们已被证明，在识别含有重底夸克的 B 粒子方面特别重要。底夸克倾向于衰变为粲夸克，而粲夸克又倾向于衰变为奇异夸克。含有其中任何一种夸克的粒子

在 10^{-12}s 内衰变，即使在最高能量的机器上产生，也只能传播几毫米。然而，建在探测器核心的硅"显微镜"往往可以精确地找到衰变的序列，从底夸克到粲夸克再到奇异夸克。在费米实验室的Tevatron，以这种方式"看到"底夸克的能力对于发现长期以来寻找的顶夸克至关重要，它倾向于衰变为底夸克。

6.7　探测中微子

在探测器中任何一个单独的中微子或许极其不可能与物质发生相互作用，但如果有足够多的中微子，以及大型的探测器，少数中微子可能会被捕获。探测那些罕见的中微子的基本思路是利用在碰撞时它们倾向于变成诸如电子这类由于带电而易被探测到的轻子。这就是我们能够了解到很多关于每一秒从太阳射向我们的中微子的知识的原因。

当光通过诸如水这类材料时，它的传播速度比在自由空间时慢。因此，虽然在真空中没有什么东西能比光传播得更快，但有可能比光更快地穿过一种材料。当一个粒子以比光更快的速度穿过物质时，就会产生一种可见光的冲击波，即切伦科夫辐射。这种切伦科夫辐射的出现与粒子的路径有一定的角度，粒子的速度越大，这个角度就越大。超级神冈实验探测到中微子，那时中微子在水中相互作用产生的是电子还是 μ 子取决于中微子的类型。这些粒子与中微子不同，是带电的，而且，它们在水中的运动速度比光快，可以发出切伦科夫辐射。通过仔细分析光的图案，人们可以区分探测器中产生的 μ 子和电子，从而区分 μ 子型中微子和电子型中微子（图 6.4）。

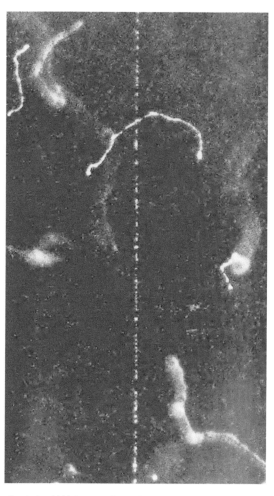

　　图 6.4　电子（β 射线）比 α 粒子的质量小得多，因此在相同的能量下，其速度要高得多。这意味着，快速电子在电离它们所经过的原子时，不会如此迅速地损失能量。在这里我们看到了快速 β 射线电子的间歇性径迹。短而粗的径迹并不是由 β 射线造成的，它们是由充满室内的气体中的原子被看不见的 X 射线撞击出来的。它们的径迹之所以更粗，是因为它们的运动速度比 β 射线更慢，因此电离性更强。它们的晃动是由它们与气体中电子之间的频繁弹性碰撞所致

萨德伯里中微子天文台（SNO）位于安大略省萨德伯里市的一个镍矿地下 2070m 处。它的"心脏"是一个丙烯酸容器，其中充满 1000t "重水"，称为氘，是一个中子与普通氢的单个质子相结合。在 SNO 中，电子型中微子与氘中的中子相互作用，产生质子和电子，而快速移动的电子在穿过重水时，会发出锥形切伦科夫辐射。切伦科夫光在水箱的内表面形成环形图案，被在水箱壁周围排列的数千根光电管接收。

　　然而，关键的特征是，SNO 还可以通过氘特有的反应来探测所有的三种中微子。任何种类的中微子都可以使氘核分裂，释放出中子，而中子可以被另一个核捕获。当新膨胀的原子核通过发射 γ 射线释放其多余的能量时，就会被探测到，而 γ 射线又会使电子和正电子在周围的水中产生特征性的切伦科夫光图案。

　　通过这样的一些实验，已经可以统计出来自太阳的中微子数目。它们证实了太阳确实是一个核聚变发动机。长期以来，人们一直怀疑太阳等恒星就是这样燃烧的，但在 2002 年终于得到了验证。

6.8　对撞机中的探测器

　　电子探测器在气泡室无法接近的环境中——在对撞束流的机器上，粒子在束流管道内迎头相遇——取得了辉煌的成果。

　　今天，这些单独的部件被组合在圆柱形探测器中，围绕着对撞加速器的相互作用点。对撞发生在探测器的中心轴上。当碎片鱼贯而出时，会遇到一系列不同的探测器部件，每一个探测器部件在识别粒子方面都有自己的特长。

在 LHC 上，粒子束流每秒要穿过对方 4000 万次，每次交叉时最多有 25 次对撞，总共每秒要发生近 10 亿次对撞。随之而来的对探测器的数据收集率的要求，相当于地球上所有人同时进行 20 次电话交谈的信息处理量。

巨大的探测器位于对撞点上。CMS（Compact Muon Solenoid）和 ATLAS（A Toroidal LHC ApparatuS）正在探索新的能区，寻找包括预期的和意外的各种新的效应。ATLAS 探测器有五层楼高（20m），但能够测量粒子径迹，精度为 0.01mm。

CMS 和 ATLAS 都遵循现代粒子探测器的传统结构。首先是逻辑上被命名为"内部径迹探测器"的仪器，它记录带电粒子的位置，其精度约为 0.01mm，使计算机能够重建它们在强磁场中的径迹。下一层是一个由两部分组成的量能器，旨在捕捉多种类型粒子的所有能量。内层是电磁量能器，它捕捉并记录电子和光子的能量。

高质量的铅玻璃，比如雕花玻璃餐具的水晶玻璃，常被用作探测器，因为玻璃中的铅能使电子和正电子辐射光子，也使光子转化为电子–正电子对。净效应是电子、正电子和光子的小规模的雪崩，一直持续到原始粒子的所有能量被耗尽为止。电子和正电子在玻璃中的传播速度比光快，发射切伦科夫光，被光敏的光电管接收。收集到的光量证明了进入块中的原始粒子的能量。

数千吨的铁与充满气体的管子交织在一起，以获取质子、π 介子和其他强子——由夸克组成的粒子。这就是"强子量能器"，之所以这么叫，是因为它测量强子的能量，就像其他科学分支中的量热计测量热能一样。量能器中的铁具有双重用途：除了减慢和捕获强子外，它还构成了电磁铁的一部分，用于弯曲带电粒子的径迹，显示它们的电荷并有助于对它们的识别。

最外层由专用的 μ 子室组成，用来追踪 μ 子，这是唯一能穿透到这的带电粒子。这套探测器组件形成了一个密封系统，旨在捕捉尽可能多的从中心的对撞中产生的粒子。原则上，只有难以捉摸的中微子才能完全逃脱，在任何探测器组件中都不会留下任何踪迹。然而，即使是中微子也留下了一些蛛丝马迹，因为它们带着能量和动量逃逸，而这两者在任何相互作用中都必须守恒（图 6.5 和图 6.6）。

图 6.5　一台 LEP 的探测器和设定尺度的四位科学家

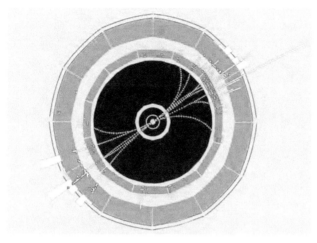

图6.6 计算机屏幕上显示的粒子和反粒子的径迹；将计算机视图与图6.5中探测器的端视图进行比较

　　整个探测器的设计是为了记录每秒发生十亿次的对撞产生的碎片。这与早期的每分钟只记录一次的云室，甚至是每秒记录一次的气泡室都大不相同。在这些对撞产生的碎片中，其能量超过现有加速器曾经测量到的任何东西，一些意想不到的现象将会是一块宝石。2012年7月宣布的重大发现是希格斯玻色子（第10章）。这种质量为125GeV的粒子，平均每20万亿次对撞中才会产生一个。这意味着，每秒钟有多达10亿次碰撞，在LHC中，每天都会出现一个希格斯玻色子。有人认为，大海捞针比在每百万亿次事件中看见一个希格斯粒子更容易。计算方面的一个挑战是识别希格斯粒子，并且只将选定的数据记录到磁带上。

　　这一切都说明了我们了解物质起源和性质的能力是如何依赖于两方面的进步：建造更强大的加速器，以及开发记录对撞的精密手段，图6.7是我们看到的电子和正电子湮灭的结果。

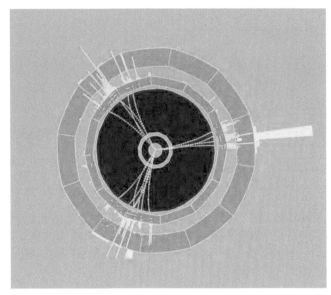

图 6.7　在这里我们看到电子和正电子湮灭的结果，其中出现了三个粒子喷注。首先产生了一个夸克和一个反夸克，然后其中一个几乎立即放射出一个胶子。夸克、反夸克和胶子是探测到的粒子的这三个喷注的来源

第 7 章

自然界中的力

　　基本力有四种：引力、电磁力、弱力和强力。本章我们将讨论力是由粒子（光子、W、Z 和胶子）交换所致的概念；力的不同的性质使世界运转——如果粒子是自然字母表，力就是它的语法；本章也将讨论这些力的统一。

◀ 欧洲核子中心拍摄的气泡室中的粒子
轨迹

四种基本力主宰着宇宙：引力、电磁力，此外还有两种在原子核内部及其周围起作用的力，即所谓的强力和弱力。后两种的作用距离比原子还小，所以我们的宏观感官对这两种力的熟悉程度远不如对引力和电磁力的效应。然而，强力和弱力对我们的生存至关重要，其使太阳持续燃烧并为生命提供必要的温暖。

引力是我们最熟悉的，在单个原子或其组成粒子之间，引力的影响是微不足道的。单个粒子之间的引力微乎其微，小到在粒子物理实验中我们可以放心地忽略它。然而，正是因为引力才使万物彼此吸引，它的效应加起来极为强大，其作用超越宇宙的距离。

静电力依据熟知的"同性相斥，异性相吸"的准则起作用。因此，在原子中，带负电的电子由带正电的原子核的静电吸引力束缚在轨道上。

运动的电荷会产生磁效应。磁铁棒的南北极是原子的电荷运动协同作用的结果。

电磁力在本质上比引力强得多；然而，在长距离上吸引和排斥之间的竞争削弱了它的影响，使引力在很大程度上起主导效应。然而，熔融的地球核心中的旋涡电荷的影响，导致磁场辐射到太空。因此，由于这种效应，指南针会指向可能在数千英里之外的北极。

电磁力把原子和分子束缚在一起，形成大部分物质。你、我和万物都是被电磁力束缚在一起的。当苹果从牛顿面前的树上掉下来时，是引力引导着它；但阻止它继续往下掉到地球中心的却是电磁力（是构建坚固地面的原因）。一个苹果可能会从很高的地方在重力的作用下加速下落好几秒钟。但当它落到地面上时，就会停止，并在瞬间摔烂：这就是电磁力在起作用。

下面是两种力相对强度的概念。在氢原子中，有一个带负电的电子和一个带正电的质子。它们通过彼此之间的万有引力相互吸引；还会感受到相反符号电荷的相互吸引，后者比它们的相互引力强 10^{40} 倍。想知道它有多大，请细想一下可见的宇宙的半径：自宇宙大爆炸以来约 10^{10} 年，宇宙一直以光速的零点几倍的速度膨胀，每年约 10^{16} m，所以整个宇宙的尺度最多只有 10^{25} m。单独一个质子的直径约为 10^{-15} m。所以与单个质子相比较，它的 10^{40} 倍大小甚至比宇宙还大。显然，我们可以放心地忽略目前能量下单个粒子的万有引力。

异性相吸把电子束缚在围绕着带正电的原子核运动的原子轨道上，但同性相斥却对原子核本身的存在产生了悖论。原子核非常紧凑，它的正电荷是来源于核内的许多带正电的质子，这些质子是怎样在受到如此强烈的电斥力的条件下得以存活下来的？

这个事实直接给出了一个线索，即在质子和中子之间存在一种强大的吸引力，这种吸引力强大到足以将它们束缚在原子核内，抵御静电力的破坏。这种强力和另外的弱力只作用在原子核内部和周围。所谓的强和弱，在名称上指的是它们各自相对于核尺度上的电磁力的强度。它们又是短程力，我们的所有感官对它们还很陌生，但它们对我们的存在却是必不可少的。

各种元素原子的原子核的稳定性可能是在相互竞争的强力和电斥力之间取得微妙平衡的结果。你不能把太多的质子放在一起，否则电斥力使原子核不稳定，这可能是某些放射性衰变的来源，在那种情况下，原子核会分裂成更小的碎片。中子和质子同样地受到强力的作用，但只有质子才受电斥力的作用，这就是为什么除氢以外的所有元素的原子核不仅含有质子，还有中子加入进来，以增加强力的吸引而使得整个原子核保持稳定。例如，铀235之所以被这么称呼，是因为它有92个质子（由于92个电子会使该原子变为电中性，所以它被定义为铀）和143个中子，所以总共有235个质子和中子。

在这一点上，你可能会想知道，为什么原子核对质子的数量没有限制？正如过量的中子似乎不会导致不稳定。详细答案应该由量子力学效应解释，这超出了本书的范畴，但造成这种情况主要是由于中子相对于质子多出的质量。正如我们前面所看到的，这就是中子内在不稳定性的基础，它们可以衰变成质子，并放出一个电子，即所谓"β放射性"的β粒子。

破坏中子的力是弱力，之所以叫弱力，是因为它与电磁力相比显得很弱，而在室温下却很强。弱力打乱了中子和质子，使一种元素的原子核可通过β衰变转变成另一种元素的原子核。它在帮助质子——太阳的氢燃料的种子——转化为氦（能量释放过程最终以阳光的形式呈现）的过程中发挥了重要作用。

太阳上大量质子受引力而向内移动，直到它们几乎相互接触。偶尔有两个质子的运动速度快到足以瞬间克服它们的电斥力，相互碰撞。弱力将质子转化为中子，强力则将这些中子与质子聚成团簇，之后它们形成了一个氦核。在电磁力的作用下，能量得到释放和产生辐射。正是由于这四种力的存在，以及它们不同的特性和强度，才使太阳能保持恰到好处的速度"燃烧"，让我们得以存在。

在普通物质中，强力只在原子核中起作用，从根本上说，它是由于夸克的存在，夸克是组成质子和中子的最终基本粒子。如同电力和磁力是由电荷产生的效应一样，强力同样最终也是源于一种新的荷，这种荷是由夸克携带的，而不是由轻子携带的。因此，诸如电子这样的轻子对强力是视而不见的；相反，由夸克组成的粒子的确能感受到强力。

支配这一切的规律基本上类似于电磁力。夸克带有的这种新的荷，我们定义它是正的形式。因此反夸克将带有相同数量但是是负的荷。那时异号相吸把一个夸克和一个反夸克束缚在一起，由此产生的 $q\bar{q}$ 束缚态，我们称之为介子。但由三个夸克组成的重子是怎样形成的呢？

原来，强荷有三个不同的种类。为了区分，我们把它们分别称为"红色"（R）、"蓝色"（B）和"绿色"（G）。因此，它们被称为色荷，尽管这与人们熟悉的颜色毫无关系——这只是一个名称。因为"色"同样遵循同性相斥异性相吸，所以若两个夸克各自带着红色荷，就会相互排斥；一红一绿则会相互吸引；三个不同的色，如RBG，也会吸引。将第四个夸克靠近这样的三个一组的系统，它将被两个夸克吸引，而被携带相同色荷的第三个夸克排斥。排斥力最终平衡了净吸引力，则第四个夸克就处于某种不定状态。然而，如果它找到另外两个夸克，每个都携带其他色荷，那么这个三夸克的系统也可以紧密地束缚在一起。因此，我们可以看到这种系统因色荷三重性而产生的吸引力，质子和中子就属于这种情况。正如原子内电荷的存在导致它们聚集在一起形成分子一样，质子和中子内的色荷也导致形成我们所知道的原子核团簇。

吸引和排斥规律的基本相似给出电磁力和强力在远小于单个质子或中子大小的距离上具有相似的行为。然而，正负色荷与单一的电荷相比具有三倍的丰富性，导致这些力在较大距离上具有不同的行为。色荷生成的力在 10^{-15}m 的尺度下（即质子或中子的典型大小）达到饱和，并且非常强，但仅限当这两个粒子侵入这个距离之内——象征性地相互"接触"时。因此，色荷诱导的力只在核尺度上起作用。相反，电磁力在构建稳定的原子时，虽然作用于约 10^{-10}m 的原子尺度上，但我们甚至可以在宏观距离上感受到电磁力，如地球周围的磁场。

这就自然而然地产生了一个问题，这些力是如何跨越空间传播它的效应的？

7.1 力的载体

诸如电磁力这样的一些力是如何设法将其效应穿过空间传播的？一个单独的质子是如何将 10^{-10}m 外的电子束缚住，从而形成一个氢原子的？量子理论认为，它是通过中间媒介的作用——粒子的交换。在电磁力的情况下，媒介物是光子，即电磁辐射的量子束流，比如光。

电荷可以发射或吸收电磁辐射，其媒介物为光子；类似地，色荷也可以发射和吸收一种辐射，其媒介物称为胶子。正是这些胶子将夸克相互"粘"在一起，形成质子、中子和原子核。类似地，弱力也涉及被称为 W 或 Z 玻色子的媒介粒子（图 7.1）。

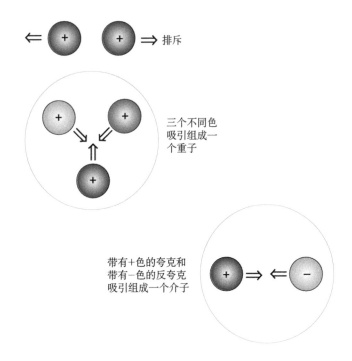

图 7.1　色荷的吸引和排斥的规则。同色互斥，异色可以相吸。各自带有不同色的三个夸克吸引组成一个重子。一个夸克和一个带有相反色的反夸克也可以吸引组成一个介子

　　W 玻色子与光子有两个重要区别：它带有电荷和很大的质量。它的电荷会导致它的辐射将电荷从源头泄漏出去。因此，当发射出 W⁻ 玻色子时，中性的中子会变成带正电荷的质子；它就是中子 β 衰变的来源，之后 W⁻ 玻色子变成电子和中微子。W 玻色子的质量比质子或中子的质量大 80 倍左右。如果你坐在一辆重达 1t 的汽车里，突然抛射出 80t 的物质，你会抱怨说一定有问题！但在量子世界里，这种事情是可以发生的。然而，这种对能量平衡的破坏是短暂的，在时间上是有限的，以至于不平衡量 delta-E（ΔE）和它能

持续的时间 delta-t（Δt）的乘积不能超过普朗克常量 h，或者说在数值上 $\Delta E \times \Delta t < 6 \times 10^{-25}$GeV·s。这个限制是"海森伯不确定性原理"的一种形式。

这意味着，一秒钟内，你可以透支（或者说"借"）10^{-25}GeV 的极其微小的能量。"借"80GeV（产生一个 W 玻色子的最低能量）可以发生在约 10^{-24}s 时间里，在这段时间里，即使是光也不能穿过质子的十分之一的距离。因此，W 玻色子能传递力的距离远小于单个质子的大小。所以，弱力的短程性是由于其媒介粒子的质量过大。现在，这并不是说这个力存在于某点，然后突然关闭了，相反，它消失了，它的强度到了一个质子大小量级的距离之前就急剧下降。正是在这样的距离上，β 衰变才得以显现，正因为如此，这种力成为所谓的"弱"力。

1864 年，詹姆斯·克拉克·麦克斯韦成功地将电和磁的不同现象统一为我们今天所说的电磁学。一个世纪后，格拉肖、萨拉和温伯格将电磁力和弱力统一为所谓的电弱理论。这就解释了这个统一力中的"弱"分量的明显缺陷是归于 W 玻色子的大质量，而电磁力的光子是无质量的。他们的理论只有在除了带电的 W$^+$ 和 W$^-$ 玻色子之外，还有一个质量约为 90GeV 的重中性伙伴 Z^0 玻色子的情况下才能成立。他们工作的一个含义是，如果能够提供足够的能量，100GeV 的量级或更高，借此 W 或 Z 玻色子才可以直接在实验室中产生，我们会看到，在这种情况下，这个力的强度类似于电磁力，毕竟不是很弱。有人做过了这样的实验，证实了这一现象（图 7.2）。

图 7.2　经由 W 玻色子的 β 衰变：一个中子通过放出一个 W 玻色子变成一个质子，然后 W 玻色子变成一个电子和一个中微子

　　W 玻色子和 Z 玻色子是 1983 年至 1984 年间在 CERN 发现的，它们是在质子和反质子之间的高能迎头对撞产生的碎片中飞快地产生的。这种对撞会产生大量的 π 介子，只有罕有的情况下才会产生一个 W 玻色子或 Z 玻色子，因此需要用一个专门的加速器 LEP，反向旋转的电子束流和正电子束流相互湮灭，总的对撞能量被调为 90GeV。这个能量与 Z 玻色子在静止状态下的能量相匹配，因此 LEP 能够干净地产生 Z 玻色子。在十年的实验中，它们产生和研究了超过 1000 万个 Z 玻色子的事例。这些实验证明，电磁力和弱力合并成一个电弱力的概念是正确的。当涉及历史上那些诸如 β 放射性一类的能量远低于 100GeV 的实验时，正是由于 W 玻色子和 Z 玻色子太大的质量造成了明显的缺陷，体现为弱力。

　　最后，我们还有强力。它起源于夸克或反夸克携带的色荷。在这种情况下，力是由"胶子"传递的。夸克可以具有三种色中的任何一种，标记为 R、B 或 G，因此辐射的胶子本身也可以携带色荷。例如，一个带有色荷 R 的夸克，如果胶子带有类似于"正 R、负 B"的色荷，那么它最终携带色荷 B。相对论量子理论，即所谓的量子色动力学，或 QCD，允许总共八种不同色的胶子。

　　由于胶子带有色荷，它们穿越空间传输时可以相互吸引和排斥。这与传递电磁力的光子情况不同。光子本身不带（电）荷，所以不会相互受到电磁力的影响。光子可以独立地跨越空间飞行，充满所有地方，它所产生的力的强度随着距离的平方而衰减——这就是静电学中著名的"平方反比律"。携带色荷的胶子，并不像光子那样充满空间，它们之间的相互作用只会集中在随之产生的两个有色夸克的连接轴线上。

因此，虽然光子充满空间并独立传播，胶子却会聚集成群。这种集群的一个结果是，胶子有可能相互吸引，形成短寿命的复合态，称为胶球。正是胶子在传递力的时候，胶子之间的这种相互亲和力，导致电磁力和色（强）力的长程行为有根本的不同。电磁力会随距离的平方而衰减，色力则不会。将两个色源（如夸克）拉开所需的能量随距离的增加而增加。当分开距离到达 10^{-15}m 左右时，这种能量趋于无穷大。因此，单个夸克不能与它们的"兄弟姐妹"分开，它们仍然聚集在三夸克系统（如重子）或夸克与反夸克的束缚态（如介子）中。因此，色荷的影响在大距离上会变得"强烈"。

在短距离内，正如在高能实验中所探测到的那样，电弱力和色力似乎表现出一种大统一。在较低的能量下，比如按照直到 20 世纪后半叶的标准，它们表现出不同的特征：质量巨大的 W 玻色子和 Z 玻色子造成了明显的缺陷；而相比之下，胶子之间的相互作用使得色力具有巨大的强度。

我们知道的就这么多：将色力、弱力和电磁力的影响外推到极端能量（远远超过我们在实验室中所能测量的范围），似乎这三种力量都变得相似。原子粒子在极高能量下的行为，类似于大爆炸后刚刚诞生的那些丰富的粒子，这说明色力被削弱了，且与我们熟悉的电磁力强度相似，出现了诱人的统一性迹象，这就是所谓的力的大统一。它表明，自然界存在着一种潜在的简单性、统一性，而我们至今只见过它冷却后不对称的残余。是否真的如此，有待今后的实验来检验。表 7.1 为在室温的典型低能下作用在基本粒子之间的各种力的相对强度。

表 7.1　在室温的典型低能下作用在基本粒子之间的各种力的相对强度。在 100GeV 以上时，弱力和电磁力的强度变得相当。力的媒介粒子如表所列：胶子、光子和引力子都是无质量的；W^+、W^- 和 Z^0 玻色子是有质量的。对于各种力特别重要的实例也在表中列出

力	强度	媒介粒子	实例
强	1	胶子	原子核
电磁	$\sim 10^{-2}$	光子	原子
弱	$\sim 10^{-5}$	W^+、W^-、Z^0	中微子
引力	$\sim 10^{-42}$	引力子	星系、行星

第 8 章

奇特物质和反物质

自然界有一个三位一体的系统——所谓的"代"。我们关注反物质以及为什么反物质如此之少的奥秘；代与代之间的对称性表现为，除了质量不同，它们看起来实际上是相同的；多代的观点可能与反物质的消失有关；我们正在尝试找出是否有如此的实验和奇异物质。

◀ 伽格梅尔（Gargamelle）气泡室中的
弱中性流事件

8.1 奇异数

　　我们已经认识了地球上的物质最终是由这些基本粒子构成的。然而，在大自然的体系中，还不止这些。来自外太空的宇宙射线不断冲击着我们，这些射线由恒星和宇宙其他地方的灾难性事件产生的元素的原子核组成；它们被强烈地抛射到太空中，有的被地球的磁场捕获，撞击高层大气，产生广延大气簇射。在 20 世纪 40 年代和 50 年代，宇宙射线为发现迄今为止尚未知道的物质形式提供了积极的来源。其中一些物质具有非同寻常的特性，被称为"奇异"粒子。今天，我们知道了它们与我们熟悉的质子、中子和 π 介子的不同之处：它们含有一种新的夸克，被称为"奇异夸克"。

　　有奇异重子和奇异介子。一个奇异重子由三个夸克组成，其中至少有一个是奇异夸克；重子所含的奇异夸克数目越多，它的"奇异数"的数值越大。一个介子由一个夸克和一个反夸克组成。所以，以此类推，一个奇异介子就是含有一个奇异夸克或一个奇异反夸克的粒子。奇异粒子的发现，比重子和介子由夸克组成的发现还早了几年。各种奇异粒子的特性使理论学家们发明了奇异数的概念，它在许多方面的作用就像电荷一样：当强力作用于粒子时，奇异数是守恒的。因此，人们可以通过计算每个参与粒子所携带的奇异数的多少来解释哪些过程是可以发生的或不可以发生的。

各种介子被确定为带有奇异数的量为 +1 或 −1。而奇异重子根据这个方案带有的奇异数为 −1、−2 或 −3。今天我们明白了是什么决定了这一点：一个粒子所携带的负奇异数的数值对应于它里面的奇异夸克的数量。似乎更自然的做法是将奇异数定义为：每个奇异夸克携带一个单位的正奇异数。如果我们在奇异数概念之前就知道夸克的话，那可能就是如此。但是，我们无法摆脱历史的偶然，据此，奇异夸克的数量对负奇异数负责，而反奇异夸克的数量对正奇异数负责。类似的历史偶然性也给了我们一个带负电荷的电子。

奇异夸克是带电的，其电荷量为 −1/3，与下夸克的电荷相同。它的质量比下夸克更大，其 mc^2 约为 150MeV。在所有其他方面，奇异夸克和下夸克似乎是一样的。由于奇异夸克相对于上夸克或下夸克具有额外质量，每次质子或中子中的一个夸克被奇异夸克取代时，所产生的奇异重子的质量每单位（负）奇异数大约增加 150MeV。

表 8.1 列出了与质子和中子类似的这种奇异重子所包含的夸克以及其电荷、奇异数和质量大小（或 mc^2，单位为 MeV），它们的自旋都是 1/2。呈现的规则并不精确，但至少在定性上是对的（实际质量，就像质子和中子的情况一样，还取决于各组分之间不同的静电力，以及它们的大小。事实上，虽然大约都是 10^{-15}m，但并不完全相同，这是由于作用于它们的力的复杂性质）。该规则在作为自旋 3/2 的 Δ 共振态的伙伴的该套奇异重子中得到了更精确的验证，如表 8.2 所示。

表 8.1 自旋为 1/2 的重子

重子	夸克	电荷	奇异数	mc^2/MeV
质子	uud	+1	0	938
中子	ddu	0	0	940
Λ	uds	0	−1	1115
Σ^+	uus	+1	−1	1189
Σ^0	uds	0	−1	1192
Σ^-	dds	−1	−1	1197
Ξ^0	uss	0	−2	1315
Ξ^-	dss	−1	−2	1321

表 8.2 自旋为 3/2 的重子

重子共振态	夸克	奇异数	mc^2/MeV
Δ^-	ddd	0	1232
Σ^{*-}	dds	−1	1380
Ξ^*	dss	−2	1530
Ω^-	sss	−3	1670

有的介子，比如 K^+(u$\bar{s}$) 或 K^0(d$\bar{s}$)，奇异数为 +1，有的介子，比如 K^-(s$\bar{u}$) 或 $\bar{K}^0$(s$\bar{d}$)，奇异数为 −1，它们的质量 mc^2 约为 500MeV。也有的介子同时含有奇异夸克和反奇异夸克，所以没有净奇异数。除了我们在第 4 章中遇到的 π^0 和 η 之外，这种组合导致了第三种电中性介子，即所谓的 eta-prime，η′。

这些由夸克和反夸克组成的介子的总自旋为零。还有一个集合，其夸克和反夸克的自旋总和为 1。这种情况下的奇异成员分别称为 K^{*+}(u$\bar{s}$)、K^{*0}(d$\bar{s}$)、K^{*-}(s$\bar{u}$) 和 $\bar{K}^{*0}$(s$\bar{d}$)；而 π、η 和 η′ 的对应粒子称作：ρ、ω 和 φ（rho、omega 和 phi）。见图 8.1，介子的自旋由其组分夸克构成。

图8.1　介子的自旋由其组分夸克构成。u夸克和d夸克的自旋加在一起构成带正电的ρ，或者彼此抵消构成一个带正电的π。类似的组合发生在u、d或s味道的夸克与它们的反夸克伙伴的任何混合。这个图像可以推广到粲味（c）、底味（b）和顶味（t）。在得到的许多组合中，我们以ψ粒子为例，它的组分夸克自旋加起来得到总自旋1，而它的伙伴 "eta-charm" η_c 粒子，其中夸克自旋相互抵消成为零

8.2　粲（charm）

不仅下夸克有它更重的"同胞"——奇异夸克，上夸克也有更重的形式：粲（c）夸克。粲夸克是带电的，携带量为+2/3，上（u）夸克的电荷与其相同。它比上夸克更重，mc^2 约为1500MeV。在所有其他方面，粲夸克和上夸克似乎是一样的。

在奇异夸克的情况下，构成了奇异的重子和介子，它们的质量比它们的上夸克和下夸克味的对应粒子重几百MeV。类似的故事也发生在粲夸克身上，但由于其质量更大，类似的粲介子和粲重子相应地还要更重，最轻的粲粒子在1900MeV左右或近2GeV处被发现。部分原因是质量较大，它们在宇宙射线中不易产生，直到高能粒子加速器专用实验的出现，粲粒子以及粲夸克的存在才在20

世纪的最后 25 年（1974 年后）被证实。

　　粲夸克可以与上夸克、下夸克、奇异夸克的任意组合结合成三夸克系统，构成含有粲夸克或者既含有粲夸克又含有奇异夸克的重子。我们甚至已经看到了一些例子，其中两个粲夸克与一个上夸克、下夸克或奇异夸克结合在一起。我们预期三个粲夸克能够结合起来，构成含有三个粲夸克的重子，但我们仍在等待它存在的明显证据。

　　一个粲夸克可以与一个单个的反夸克结合，这个反夸克可以是反上夸克、反下夸克或反奇异夸克中的任何一种。其最著名的例子是，一个粲夸克与一个反粲夸克相结合，即 c$\bar{c}$，导致另一个电中性的伙伴，添加到了我们已经遇到的 u$\bar{u}$，d$\bar{d}$ 或 s$\bar{s}$ 构成的 π 介子和 η 介子中。由此产生的 "eta-c"，或写成 η_c，其质量略低于 3000MeV 或 3GeV，因此它是被称为 "粲偶素" 的整个谱中最轻的粒子。

　　正是通过粲偶素，我们首次发现了粲的属性。当各自具有自旋 1/2 的 c 和 $\bar{c}$，将它们的自旋耦合成总的零自旋时，就形成了 η_c（见图 8.1）。它们也可以将它们的自旋耦合成总自旋值为 1；这形成了 3.1GeV 处的一个稍重的态，称为 psi，ψ（应为 J/ψ）。当一个电子和一个正电子相遇并湮灭，它们的自旋相关联形成总自旋为 1 时，这个过程最容易发生。在这种反应中，能量以及总自旋量都是守恒的，这就产生了这样的效果：如果电子和正电子的组合能量与由夸克和反夸克组成的（所以是电中性）自旋为 1 介子的 mc^2 相匹配，那么该介子将由电子和正电子湮灭后仅存的能量产生。因此，举例来说，如果电子和正电子对撞，且其总能量约为 0.8GeV 时，也就是说是自旋为 1 的 ρ 和 ω 的质量，那么这两个介子中的任何一个都可以形成；若在 1GeV 左右，则由 s$\bar{\text{s}}$ 组成的类似介子，即 φ 介子就会出现；在 3.1GeV 时，我们可以遇到 c$\bar{\text{c}}$，不管如何都可以形成 ψ。就是这样，在 1974 年发现了首例粲偶素，以及粒子谱逐渐被揭示出来。

含有粲或奇异数的粒子是不稳定的。它们的质量比没有粲或奇异数的重子或介子的质量大，故而它们的内禀能量（用 mc^2 表示）更大。因此，虽然在加速器的高能碰撞中，甚至在紧随宇宙大爆炸之后普遍存在的极端能量中，可以产生有奇异粒子和含有粲夸克的粒子，但它们迅速衰变，最终剩下在"常规"重子内的上夸克和下夸克，存在于我们日常的世界中；介子最终因夸克和反夸克的湮灭而自毁，产生光子或电子与中微子作为其稳定的最终产物。

8.3　底和顶

我们在上面已经看到了大自然是如何复制基本的夸克味的：它制造出第二组夸克（即奇异夸克和粲夸克），这组夸克具有相同的电荷，但质量比上夸克和下夸克的这类"同胞"更大。有人可能会问，为什么？这并不是故事的全部，自然界已经接受了第三组更重的夸克，它们与之前发现的那些夸克具有相同的电荷。这样一来，我们有底夸克（b），mc^2 ～ 4.5GeV，电荷 −1/3；还有顶夸克（t），mc^2 ～ 180GeV（这里没有写错！），电荷 +2/3。大自然如何在最多 10^{-18}m 的空间里装下如此多的质量（堪比一整个金原子的质量），这是 21 世纪的一大谜团。在一些文章中，这些味道属性被称为"真"和"美"，而不是"顶"和"底"；现在比较普遍认同的是后者，所以我在这里称之为"顶"和"底"。

含有底夸克或其反夸克的重子和介子都存在，实际上，它们是含有奇异夸克（与底夸克具有相同的电荷但质量较轻）的重子和介子的较重版本。最轻的底介子有 5GeV 左右的质量，或 mc^2。同样也会出现底重子。在这里列出它们的所有特征用处不大，然而，如果你想这样做，可以查阅奇异粒子表。用 b 代替 s，每增加一个 b 夸克或反夸克就要加上大约 4.5GeV 的质量，你就会得到它。底介子已被证明是有趣的，因为它们的行为可能会给宇宙为何不包含反物质而是由物质组成的不解之谜提供了线索。还有一种"底偶素"能谱，类似于粲偶素能谱；底偶素由 b$\bar{\text{b}}$ 组成，最轻的成员质量约为 9.5GeV。图 8.2 为一些易在 e^+e^- 湮灭中产生的自旋为 1 的介子。

↑↑	名称	质量 (GeV)
u $\bar{\text{u}}$ d $\bar{\text{d}}$	ρ^o, ω	0.8
s $\bar{\text{s}}$	ϕ	1.0
c $\bar{\text{c}}$	ψ	3.1
b $\bar{\text{b}}$	Υ	9.5
t $\bar{\text{t}}$	?	370.0 (?)

图 8.2 　一些易在 e^+e^- 湮灭中产生的自旋为 1 的介子。除了不能由夸克构成的光子和 Z^0 玻色子以外，都可以用这种方式构成

这时你可能会期望出现含有顶夸克的介子和重子，它们的性质类似于粲粒子的性质（因为顶和粲具有相同的电荷），最明显的区别是它们的质量比相对应的粲粒子的质量高出近 200GeV。而事实可能确实如此，但目前还没有人知道，因为我们还没有能够制造出足够数量的这种很重的粒子的设备来对它们进行足够详细的研究。然而，人们强烈怀疑这些粒子是否真的会存在。问题在于，顶夸克如此之重，因此非常不稳定，以致它在不到 10^{-25}s 的时间内就会衰变，可能还来不及俘获其他夸克或反夸克去形成我们称之为介子和重子的束缚态。

衰变发生的过程类似于人们熟悉的 β 衰变。像中子变成质子时，一个下夸克变成一个（较轻的）上夸克，以一个电子和一个中微子（技术上说是反中微子）的形式释放能量：

$$d \rightarrow u(e^+\bar{v})$$

所以较重的夸克也会仿效这种情况。任何夸克之间的电荷差要么是零，要么是 ±1。在后一种情况下，通过分别发射一个电子或一个正电子（以及一个中微子或一个反中微子），就可以发生从较重的夸克到较轻的夸克的衰变。所以我们可以有级联的衰变过程：

$$t \rightarrow b(e^+v); \quad b \rightarrow c(e^-\bar{v}); \quad c \rightarrow s(e^+v); \quad s \rightarrow u(e^-\bar{v})$$

而在最后一步，可以留下一个稳定的粒子，比如质子。衰变链有可能会错过一个步骤，例如 $t \rightarrow d(e^+v)$ 或 $b \rightarrow u(e^-\bar{v})$，但这种可能性较小。也完全有可能，粲夸克取另一条路线 $c \rightarrow d(e^-\bar{v})$，$d \rightarrow u(e^+v)$。d 夸克和 u 夸克有如此相似的质量，它可由中子和质子的相似质量反映出来，$d \rightarrow u(e^-\bar{v})$ 的过程是缓慢的，例如，一个自由中子的半衰期就长达 10min。其他粒子的质量差异较大，且过程发生得更快，我们猜测在顶夸克情况下，这个速度快到顶介子和顶重子没有时间形成。图 8.3 给出了夸克的最主要的弱衰变。

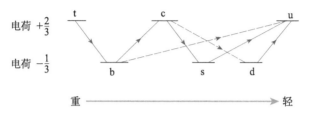

电荷 $+\frac{2}{3}$

电荷 $-\frac{1}{3}$

重 ──────────────→ 轻

图 8.3 夸克的最主要的弱衰变。每一个向下的箭头发射 $e^+\nu$；每个向上的箭头发射 $e^-\bar{\nu}$。两个可能性较小的途径也在图上用虚线的箭头表示出来

8.4 谁安排了这一切?

我们的世界由上夸克、下夸克、电子和中微子组成。后者被称为"电子型中微子"，符号 ν_e 来表示它是电子的"同胞"。大自然将夸克分成了三份，粲夸克和奇异夸克，以及顶夸克和底夸克都被看作重质量版的电荷分别为 +2/3 和 −1/3 的粒子。大自然不仅对夸克如此，对轻子亦是如此，各有三组。

电子有一个更重的形式，称为 μ 子，符号 μ^-。它和电子一样，带负电荷。μ 子（和它的反粒子 μ^+）显然在各方面都与电子或正电子相同，只是它们的质量是电子或正电子的 207 倍，即 mc^2 约为 105MeV。在弱衰变中，μ 子伴随有一个中微子，但却是一个不同于 ν_e 的中微子。我们称之为 μ 子型中微子，符号 ν_μ（当然，也有一个反中微子：$\bar{\nu}_\mu$）。

还有第三组轻子。它包括质量在 2GeV 左右的带负电的一个电

子类似物，陶（τ）子（用 τ⁻ 表示，其反粒子版本是 τ⁺）和相关的中微子（反中微子）是 ν_τ（$\bar{\nu}_\tau$）。

中微子依靠它们的质量来区分，虽然我们已经开始对它们在质量上的极其微小的差异进行了测量，但因为质量太小，所以无法测量。简而言之，质量似乎是区分三代基本粒子中相应成员的基本特征。从 Z^0 玻色子的研究中，我们知道自然界中已经不会再有更多种类的轻的中微子了。这是因为我们可以测量 Z^0 玻色子的寿命有多长，事实证明，只要它衰变时只能产生三种不同的中微子，这个寿命就应该和理论家计算的一样。中微子的种类越多，Z^0 玻色子的衰变速度就越快，因为每一条可用的路径都会使 Z^0 玻色子越来越不稳定。如果有更多的轻的中微子，就会缩短 Z^0 玻色子的寿命，这与实际中观察到的情况不一致。所以推论是，只有三种不同的这类轻的中微子。

鉴于这个结果，我们猜想每一种这样的中微子都有一个带负电荷的轻子搭伴，而这些搭伴的轻子对又与电荷为 +2/3 和 −1/3 的两种夸克配成的对相对应，那时我们就认定了这样的基本构件的全部集合（表 8.3）。每一个轻子和夸克都有 1/2 的自旋。这样，大自然似乎已经构建出了三代自旋 1/2 的基本粒子。为什么是三代？我们不知道。为什么它不满足于一代呢？这一点我们也不能确定，但我们怀疑答案可能与另一个奥秘有关：为什么宇宙中的物质与反物质之间存在不平衡？

表 8.3　夸克和轻子。上夸克（u）和下夸克（d）质量为 5～10MeV，而奇异夸克（s）质量约为 150MeV。当它们被俘获到强子内部时，获得额外的能量。因此表现为，仿佛分别具有质量约为 350MeV 和 500MeV，当更重的夸克被捕获到强子内部时，其有效质量不会受到显著的影响。粲夸克（c）质量约为 1.5GeV，底夸克（b）质量约为 4.5GeV，顶夸克（t）质量约为 180GeV

夸克	e=+2/3	u	c	t
	e=−1/3	d	s	b
轻子	e=−1	e	μ	τ
	e=0	ν_e	ν_μ	ν_t

8.5　反物质之谜

　　反物质有一种神秘的光环，它是自然界的一种许诺。与物质形同"双胞胎"：左是右，北是南，时间沿逆向运行。它最著名的特性是能够摧毁物质而成为一束光，将构成我们的物质转化为纯粹的能量。在科幻小说中，即使是以反氢气为星际巡航艇的引擎提供动力，反行星也会诱惑旅行者走向灭亡。在科学事实中，根据几十年的实验物理学所教给我们的一切，新生的宇宙是一个能量的大熔炉，在那里物质和反物质以完美的平衡出现。这就引出了一个问题：为什么物质和反物质没有立即在相互湮灭的狂欢中毁灭对方？在 140 亿年后的今天，宇宙中怎么还能留下任何东西呢？

　　这个难题涉及我们自身的存在。我们是由物质构成的，正如我们所知的宇宙中的一切。地球上没有反物质矿物，这也是好事，因为它们会被周围的物质摧毁，造成灾难性的后果。不知何故，在宇宙大爆炸发生的瞬间，物质成功地取得了胜利；反物质已经被完全摧毁，毁灭后的热能仍然存在（今天温度低到比绝对零度高 3℃，被称为微波背景辐射），巨量的物质最终聚集成星系。一定有某种东西将物质和反物质区分开来，结果使物质成为胜利者凸显出来。

第 9 章将描述使基本物质碎片在恒星内被加热，最终形成我们今天所发现的聚集在一起的物质的事情的前后经过。在这里，我们将讨论物质和反物质可能会如何不同的问题。

这个问题多年来一直困扰着物理学家和宇宙学家。1964 年一条至关重要的线索出现了，但直到最近，随着进一步的发现和技术的进步，才有可能利用这条线索，或许还能确认原因。这条线索就是发现自然界中存在着一种微小的不平衡，即某些"奇异"粒子的行为倾向，如电中性的 K^0 不能被反物质的对应物 $\bar{K}^0$ 精确模仿。

1947 年，在宇宙射线撞击高层大气时产生的碎片中发现了这些奇异的粒子。认识到宇宙中存在着奇特的东西，有助于启发粒子加速器的建造，这种加速器能够大量产生奇异粒子，如 K 介子。于是，1964 年纽约布鲁克海文国家实验室的一个物理学家小组发现，大约有百万分之一的概率，在 K 介子衰变产物中的物质和反物质无法实现平衡。

这种不对称性的本质是如此微妙，以至于对它的研究一直是现代物理学中最苛刻和最精细的测量之一。在 1977 年发现了首例"底"粒子，并意识到它们实际上是奇异粒子的更重的对应物之后，就有了突破性的进展。由于奇异粒子可以区分物质和反物质，所以底粒子也可能区分它们。事实上，当底夸克和顶夸克的发现证实了自然界确实已经有了三代夸克以及反夸克的时候，由此产生的方程似乎出人意料地暗示，底粒子的物质和反物质之间的不对称性几乎是不可避免的。人们预测，K^0 和 $\overline{K}^0$ 之间微妙的不对称性对于它们的底粒子的类似物 B^0 和 $\overline{B}^0$ 会变得相当大。三代的存在，特别是底夸克的存在，能否会以某种方式成为破解这一奥秘的关键？由于底粒子在宇宙的最初时刻大量存在，它们是否持有今天物质占主导地位的不平衡宇宙是如何出现的秘密呢？

为了找到答案，有必要生成数十亿个 B^0 和 $\overline{B}^0$，并对它们进行详细研究。为此，人们在加利福尼亚和日本设计并建造了"B 工厂"——在总能量约为 10GeV 的情况下对撞的 e^- 和 e^+ 加速器，在那里会产生充裕的 B^0 和 $\overline{B}^0$。这些是现代粒子物理学规模上相对紧凑的机器，周长只有几百米，但涉及高强度的束流，其控制精度比以往任何时候所达到的都高。

加速器于 1999 年建成，经过初步测试后开始收集数据。要想得到确切的结果，需要产生和研究极大量的底粒子。这就像抛硬币一样：偶然的机会可能会让它连续五次甚至十次出现正面朝上，但如果这种情况持续发生，那么这枚硬币就有一些特别之处了。对短寿命的亚原子粒子的研究也是如此。它们的寿命还不到一眨眼的时间，而它们死后留下的东西，也就是它们的遗迹，如果你愿意的话，必须要进行解密。我们需要有大量的这种遗迹，才能判断出任何差异是真实的还是偶然的结果。

可供研究的遗迹种类很多，在这两个加速器工作的专家团队已经开始收集和测量其中几种遗迹的特征。其中有特殊的一类，被称为"ψ-短寿命 K"事件，B^0 或 $\overline{B}^0$ 衰变后留下 ψ 以及 K^0 与 $\overline{K}^0$ 的一种特殊混合，理论家们预测它将是区分底物质和反底物质的最直接标志。到 2003 年，人们清楚地见到，这些衰变确实如预测的那样，显示出物质和反物质之间的巨大差异。研究底粒子的特性，以确定它们是否持有物质基本种子中大尺度不对称性的物质－反物质之谜的全部答案，或者说，奇异粒子和底粒子所表现出的不对称性是否只是粒子的奇特形态中的一种神秘现象。这将需要若干年的时间。

第 9 章

物质从何而来？

恒星是由原始氢产生重元素的熔炉。氢原子的种子是夸克。关于早期宇宙中粒子的行为我们知道些什么？

◀ 1958 年 4 月 9 日拍摄到的气泡室中的
反质子事件

我们之所以存在是因为一系列幸运的意外。太阳以恰到好处的速度燃烧（快一点的话，在智慧生命有机会发展之前，太阳就已经燃烧殆尽；慢一点的话，就可能根本没有足够的能量来满足生物化学和任何生命的需要）。有下列几个事实需要指出：质子（氢的种子）是稳定的，这使得恒星作为熔炉能够产生出构建地球所必需的化学元素；中子比质子稍重，这使 β 放射性，以及像氢的质子变为氦这样的元素嬗变成为可能，这反过来又导致太阳能够发光。如果这些事实中任何一个，或者其他几个，稍有改变，我们就不会在这里了。

我们和万物都是由原子组成的。这些原子是从哪里来的呢？最近（指的是 50 亿年！），它们是在一颗早已死亡的恒星内形成的，在那里，它们都是由质子，也就是最简单的元素——氢的原子核，在大熔炉中产生的。质子是在宇宙中很早就形成了，它的组分夸克以及电子，都是在最初的时刻内产生出来的。这一章我们将介绍万事万物如何被构建而来到这个世界的。

首先质子构建了太阳，并为今天的太阳提供燃料。我们先来描述一下太阳是如何工作并为我们的生存提供能量的。氢原子是最简单的原子，其中一个带负电的电子环绕着一个位于中心的正质子。氢在地球上可能相对而言，并不常见到（除了被束缚在水——H_2O 等分子内时），但在整个宇宙中，它是最常见的元素。在地球上的温度下，原子可以存活，但在更高的温度下，超过几千摄氏度，电子就不再被束缚住，而是自由游荡：这种过程被称为电离。这就是发生在太阳内部的情况：电子和质子在被称为等离子体的物质状态下独立地游荡。

质子可以相互碰撞，并引发一系列核过程，最终将其中的四个质子转化为下一个最简单元素：氦。锁定在单个氦核中的能量（其 $E = mc^2$）小于原来四个质子的能量。这些"多余"的能量被释放到周围的环境中，其中一些能量给地球提供了温暖。

质子必须接触才能融合并形成氦。这很难，因为它们的正电荷，使它们相互排斥。然而，1000 万℃的温度给它们提供了足够的动能，它们设法侵入足够近的地方，开始核聚变产生能量的过程。但这些能量仅刚刚够用：在诞生 50 亿年后，任何一个单独的质子只有 50∶50 的机会参与核聚变。换句话说：到目前为止，太阳已经用掉了一半的燃料。

这是第一种幸运的情况。人类是进化的巅峰，我们几乎用了这 50 亿年的时间才出现。如果太阳烧得更快，在我们到来之前，它就已经灭亡了。

所以我们来看看会发生什么，而且为什么正好达到了平衡。

第一步是当两个质子相遇并接触。其中一个经历了一种形式的放射性衰变，变成一个中子，并释放出一个正电子（电子的反粒子）和一个中微子。通常是中子由于其额外的质量和相关的不稳定性而衰变成质子、电子和中微子。孤立的质子作为最轻的重子，相比之下，是稳定的。但当两个质子相互侵入时，它们会感受到静电排斥；这有助于它们的总能量超过氘核（质子和中子束缚在一起）的能量。因此，其中一个质子可以变成一个中子，然后与另一个质子结合，以增强稳定性。质子的这种衰变会产生中子、中微子和正电子（即电子的带正电的反粒子）。

所以，太阳核聚变周期的第一部分就产生了反物质！正电子与等离子体中的电子碰撞时，几乎立即被湮灭，产生两个光子，它们被带电的等离子体散射，最终努力到达太阳表面（这需要几千年的时间），这时它们的能量大大降低，并成为太阳光的一部分。中微子则毫无阻碍地从中心涌出，并在几分钟内到达我们身边。

那么，中子和质子变成了什么呢？它们在强大的核力的作用下，紧紧地抓住彼此，并束缚在一起：这个双粒子态是一个重氢的核——氘核。这个氘核处于大量质子的中间，这些质子仍然构成了太阳的主体。氘核很快与另一个质子结合，形成一个氦核：氦-3。其中两个氦-3可以结合并重新排列产生的碎片，形成一个氦-4核（稳定的普通形式），并释放出两个多余的质子。

所以这一切的净结果是，四个质子产生了一个单独的氦、两个正电子和两个中微子。质子是燃料，氦是灰烬，能量以 γ 射线、正电子和中微子的形式释放出来。

后面的步骤，一个氘核和一个质子形成 ^{3}He，然后几乎是瞬间导致 ^{4}He 发生；正是第一步的速度迟缓，$p + p \rightarrow dve^+$ 控制了太阳的（缓慢）燃烧，这对我们来说非常重要（图9.1）。

燃烧的速度取决于弱相互作用力的强度，弱力使质子蜕变为中子（"逆 β 衰变"）。如前所述，这种力与前面所述的电磁力可以相比。电磁力是通过光子传递的，它在一种带电粒子与另一种带电粒子之间交换。光子是无质量的：这使它们能够不受能量守恒的限制而传播到很远的距离，因此电磁力是长程力。与此相反，弱力之所以这么弱（至少在地球和太阳的特有能量下）源于 W 玻色子的巨

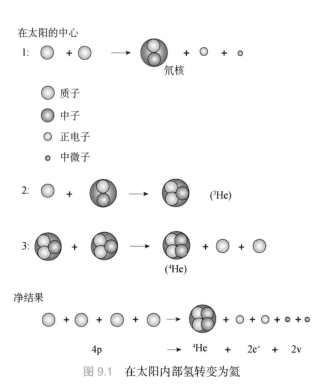

在太阳的中心

1:

氦核

⚪ 质子

● 中子

◦ 正电子

· 中微子

2: (^{3}He)

3: (^{4}He)

净结果

$4p \longrightarrow {}^4He + 2e^+ + 2v$

图 9.1 在太阳内部氢转变为氦

大质量及其相应的有限力程。

所以，太阳缓慢燃烧是由弱力的微弱所控制的，而反过来，弱力又是由 W 玻色子的大质量控制的。假如它的质量小一些的话，"弱"力的有效强度就会更强一些，太阳燃烧的速度就会更快一些。为什么 W 玻色子会有这样幸运的质量？我们不得而知。我们甚至并不确切地知道质量究竟从何而来，虽然有一些观点（源于彼得·希格斯）将很快得到检验（在第 10 章）。

还有其他一些例子，质量在决定我们的命运方面起着敏感的作用。正如我们在上面所讨论的那样，β 衰变涉及中子变成质子并发射电子和中微子。这就要求中子要比质子重，事实就是如此，凭此，质子是原子和化学的稳定种子。假如中子更轻的话，那么从宇宙大爆炸中出现的稳定粒子就会是中子了。这些中性粒子将会无法吸引电子形成原子，那样化学将是不同的或不存在的。中子只比质子重千分之一，但幸好这足以让电子产生，或者换一种说法，电子质量足够小，使它可以在这样的过程中产生。假如它大一些，那么β衰变以及太阳就会被冻结；如果它小一些，β衰变就会更快，太阳的动态就会不同，紫外线的强度就会更高，对我们就会非常危险。电子的质量有助于决定诸如氢这类原子的大小，质量越小，原子越大，反之亦然。所以，事物之所以有这样的大小，部分原因是电子的质量像它现在这样。这种质量模式的原因尚待发现。

所以，太阳发光受惠于核聚变。再过50亿年，它的氢全部都将逝去，变成氦。一些氦本身已经与质子和其他氦核融合，形成更重元素的核种子。这些过程也会产生中微子，有些中微子的能量比原生质子核聚变中所产生的能量更高；因此，通过探测来自太阳的中微子，并测量它们的能量谱，我们可以开始定量地观察离我们最近的恒星内部。

今后50亿年，上述这些过程连同建立更重元素的核聚变将是主要的过程。在一些恒星中（但不是我们的太阳），这个过程还在继续，构建起新元素的原子核，直到铁——这是最稳定的元素（甚至还构建一些超过铁的元素，但它们往往更稀少）。最终，这样的恒星无法抵抗自身的重量，它就会灾难性地坍塌。冲击波将把物质和辐射喷向太空。这就是所谓的超新星。所以恒星一开始就是氢，用这些成分来构建元素周期表；超新星就是用这些化学物质的核种子污染宇宙的媒介。

那么，那些主要的恒星的材料是从哪里来的呢？

早期宇宙

核物质的基本部件——夸克，与电子一起从大爆炸形成。宇宙迅速冷却，使夸克聚集在一起形成质子，于是下列过程发生：

$$e（电子）+p（质子）\rightleftharpoons n（中子）+v（中微子）$$

双箭头是为了表示过程是可逆的。由于中子比质子和电子的质量总和略重，这个过程的"自然"方向是由右向左：中子有降低整体质量的自然趋势，通过 $E = mc^2$ 释放能量。然而，宇宙的极高温度使电子和质子具有相当巨大的动能，以至于它们的总能量超过了锁定在中子质量（mc^2）中的能量。因此，在这种高温条件下，这个过程可以很容易地从左到右进行（电子和质子转化为中子和中微子），就像中子和中微子折回变为它们的带电"同胞"一样。在这种情况下，我们就说宇宙处于热平衡状态。

但宇宙正在迅速冷却，这使得中子的产生难以继续。在 1μs 之后，宇宙就已经冷却到了中子产生的反应被有效地冻结的位置。仅剩的反应是

$$n \rightarrow p + e + \bar{v}$$

在这个时期，任何在早期炽热中产生的中子都会消亡，每隔10min，它们的数量就会减少一半（我们说它们的"半衰期"大约是10min）。再也没有足够的能量来替代它们。但并不是所有的中子都会死亡，因为一些幸运的中子撞上了质子，于是它们相互融

简说粒子物理

合，形成了氘核（由单个质子和中子组成的一个束缚态系统，它比孤立的质子和中子更轻）。

在这一阶段，整个宇宙上演了今天在太阳上进行的反应序列：氘核和质子聚合成氦核。这种情况一直持续到所有的中子都彻底消亡，或者在这个膨胀的宇宙中粒子都相距甚远，以至于它们不再相互作用。

宇宙大爆炸后 1μs，在这些反应中产生的所有中微子都是自由的。它们就这样成为宇宙中的第一批遗迹。它们高速运动，质量虽然非常小，但在大群之间产生了足够的引力，它们开始聚集在一起，促成了星系的形成。最终要形成每一个原子，都会产生大约 10 亿个中微子。因此，中微子是宇宙中存量最多的粒子之一。虽然我们知道各种中微子中至少有一种是有质量的，但我们还不知道这个质量有多大。如果中微子的质量大于几 eV，也就是质子质量的十亿分之一，那么中微子的质量将主导物质宇宙的质量密度。所以，确定中微子的质量对于预测宇宙的长远未来是一个大问题。它是会永远膨胀还是最终在自身的重量下坍缩？我们还不能确定。

宇宙继续膨胀和冷却。决定宇宙膨胀的物理学原理在某些方面类似于控制容器中气体行为的原理。速度取决于压力，而压力又取决于气体中的温度和气体体积内的中微子数量（密度）。而这又取决于中微子类型的数量。

宇宙大爆炸后 3min，物质宇宙主要由以下几部分组成：75% 的质子、24% 的氦核、少量的氘核，以及其他轻元素和自由电子的痕迹。

氦和轻元素的丰度取决于宇宙的膨胀速度，而宇宙的膨胀速度反过来又取决于中微子种类的多少。观测到的氦的总量与预言的存在三种中微子相符。CERN 对 Z 玻色子的测量结果表明，确实存在三种轻的中微子，这一事实，在重现了早期宇宙条件的粒子物理学测量和宇宙学家从上面推断出的结果之间是惊人的一致。

氘的丰度取决于宇宙中"普通"物质的密度（我们所说的普通是指由中子和质子构成的，而不是理论学家们可能梦寐以求，但目前还没有直接实验证明的其他奇特东西，例如超对称，见第 10 章）。只要普通物质的密度远小于宇宙中的总密度，这些数字都是符合的。这是暗物质之谜的一部分，即有一些东西存在却并不发光，但它的引力牵引着恒星和星系而被感知。看来，其中的大部分一定是由奇特的物质组成，它的真面目尚待确定。

大约 30 万年后，环境温度降到了 1 万摄氏度以下，也就是与今天太阳的外部区域相似或更冷。在这种能量下，带负电的电子终于能够被带正电的原子核的电吸引力很快束缚住，从而结合在一起形成中性原子。电磁辐射被释放出来，宇宙因为透明，使光可以毫无阻碍地在太空中漫游。

宇宙膨胀和冷却至今已有 100 亿～150 亿年。曾经炙热的电磁辐射现在形成了有效温度约比绝对零度高 3℃左右的黑体辐射。这一结果在半个世纪前由彭齐亚斯和威尔逊发现，它是对大爆炸理论极大的支持。今天，卫星上的仪器对光谱的精确测量揭示了宇宙微波中的微小涨落。这些迹象都暗示了在宇宙早期原始星系的形成。

所以我们对物质的基本种子是如何进入你我身体有了很好的定

性，甚至定量的理解。但当它们与反物质一起出现在那场最初的大爆炸中时，一个谜依然存在：反物质都到哪里去了？在 21 世纪初，这是一个有待回答的问题。

第 9 章 物质从何而来？

第 10 章

21 世纪的问题

　　我们下一步要去哪里？宇宙学中的暗物质。希格斯玻色子，它是什么，我们为什么关心它，以及我们如何找到它？对奇特重粒子的精确测量。是否有比我们目前所接受的更多的维度？如何在实验中来证明它们？加速器的未来。高能粒子物理学是否会有终结？

◀ 云室中的粒子径迹

10.1 暗物质

质子和普通原子的原子核是天文观测中揭示的所有"发光物质"的种子。然而，作为一个例子，旋涡星系的运动表明，它的引力比观测到的发光物质所能解释的更强。高达 90% 的存在物质仍未被探测到。看来，我们通过电磁辐射看到的宇宙远不如一些神秘的"暗物质"重要，而这些暗物质在我们任何波长的望远镜中都看不到。

如果有巨大的"晕族大质量高密度天体"（MACHO），它可能是和木星差不多大小的天体，并且还没有大到足以成为发亮的恒星或黑洞，可以通过引力透镜效应对遥远的恒星或星系产生双重或多重影像来探测它们。然而，这种搜索并没有找到足够的 MACHO 来解释宇宙中似乎包含的大量暗物质。所以，天体物理学家和宇宙学家不得不求助于粒子物理学以寻求进一步的思路。

对于暗物质，耐人寻味的可能性是，它们可能由大量不发生电磁相互作用的亚原子粒子组成（否则我们就会探测到它们的电磁辐射）。一个明显的候选者是中微子，其微小但非零的质量可以使大量的中微子生成许多巨大的中微子云，它们相互吸引，推进星系的形成。

在早期宇宙中，这些中微子的能量会很高，几乎以光速运动。用专业术语来讲，这样飘逸的实体被称为"热"，在"热暗物质"

宇宙中星系演化的计算机模拟显示，在密集的星系团中形成具有大空洞的星系。然而，这种计算机模拟的宇宙模型看上去与天文学家实际观测到的情况并不一样。

如果暗物质是重的、缓慢移动的，即暗物质是由"冷"的粒子组成，那么星系的演化就会大不相同。问题是，已知标准模型中并不存在这样的实体，然而，如果这就是暗物质问题的答案，那就提出了另一个问题：这些粒子是谁？

这使我们想到了目前关于超出标准模型的一些想法。一种受到偏爱的理论假设存在"超对称"粒子，其中最轻的粒子包括对电磁力或强力没有反应的一些形式，但它们的质量可能比质子大数百倍。在最高能粒子加速器上的对撞，特别是在费米实验室的 Tevatron 和 CERN 的 LHC，可能有足够的能量来产生这些超对称粒子。如果发现了这种粒子，那么我们将面临的挑战是：详细研究它的特性，特别是看看，它们是否可能在早期宇宙中形成大尺度的暗物质团簇。

这就给我们带来了一个问题：什么是超对称？

10.2　超对称

量子力学解决了"空的"原子如何形成固体物质的悖论。这是一个深刻的事实，即电子（还有夸克、质子和中子）都有一个内禀的自旋，这个自旋是一个被称为约化普朗克常量 h 的量的 1/2，这种"自旋 1/2"的粒子被统称为费米子。量子力学意味着两个费米子不可能处在同一个位置具有相同的运动状态，用专业术语讲，就是"不能占据相同的量子态"。这使得复杂原子中的许多电子占据特定的状态，并产生了各种元素的化学活性或惰性。它还能防止一个原子中的电子过于轻易地侵犯邻近原子中的电子。这也是大多数物质许多特性的基础，比如固体性。

这些费米子之间的力是由光子、胶子、W 玻色子和 Z 玻色子传递的。注意"玻色子"这个词。这是一个通用术语，指自旋是普朗克常量的整数倍的粒子。所有这些力的载体都是玻色子，它们的自旋为 1。与费米子的相互排斥相比，玻色子具有亲和力，可以形成集体态，如激光束中的光子。

我们已经看到，费米子（夸克和轻子）表现出深刻的统一性，同时，传递力的玻色子也是如此。为什么"物质粒子"都是（显然）由自旋 −1/2 的费米子组成，而力由自旋 −1 的玻色子传递呢？力和物质粒子之间会不会有进一步的对称性，比如，已知的费米子由新的玻色子相伴，已知的玻色子由新的费米子相伴，同时一些新奇的力由这些费米子传递？这是否会导致粒子和力之间更彻底的统一？根据被称为超对称的理论，答案是肯定的。

在超对称或众所周知的称为 SUSY 中，有一些玻色子家族，与已知的夸克和轻子是"双胞胎"，这些"超夸克"被称为"squark"，它们的超轻子对应物被称为"slepton"。如果 SUSY 是一个精确的对称性，那么每一种轻子或夸克都会与它的超夸克或超轻子伙伴具有相同的质量。电子和超电子彼此的质量相同；同样，上夸克和"超上"夸克的质量也相同；等等。实际上，事情并非如此，如果超电子存在的话，它的质量远大于 100GeV，这意味着它会比电子重几亿（10^8）倍。类似的说法可以用于所有的超轻子或超夸克。

关于已知玻色子的超伙伴，也可以做一个类似的表述。在 SUSY 中，存在着与已知玻色子孪生的费米子家族。这里的命名模式是加上"-ino"这个附加词缀来表示标准玻色子的超费米子伴侣。因此，应该存在光微子、胶微子、超 Z 粒子和超 W 粒子（"ino"的发音为"eeno"，例如是"weeno"而不是"whine-o"，按照汉语拼音，"ino"的发音为"yi-nou"）。假设的引力子，即引力的载体，被预言为有一个伙伴，即引力微子。这里，假如超对称是完美的，那么光微子、胶微子和引力微子将是无质量的，就像它们的光子、胶子和引力子伙伴一样；超 W 粒子和超 Z 粒子像 W 和 Z 一样分别具有 80GeV 和 90GeV 的质量。但是，正如上面的情况，这里的"超费米子伙伴"的质量又远大于它们传统的对应物。

一个标准的无力的笑话是：超对称性一定是正确的，我们已经找到了一半的粒子。换一种说法：我们还没有找到关于超夸克或超轻子的明确的证据，也没有找到光微子、胶微子和超 W 粒子或超 Z 粒子。寻找它们是目前的重中之重。

在如此缺乏超粒子证据的情况下，人们可能会好奇为什么理论家们就都那么相信 SUSY。实际上，这样一个对称性是非常自然的，至少在数学上是这样的，它给出了如爱因斯坦的相对论中破译的时间和空间的性质以及量子理论的性质。由此产生的超粒子模式实际上解决了在目前粒子物理学公式中的一些技术问题，使得不同的力在高能下的行为和粒子对这些力的响应的量子理论得以确立。简而言之，如果没有 SUSY，某些构建统一理论的尝试会导致无意义的结果，比如某些事例可能会以无限大的概率发生。然而，量子涨落（即粒子和反粒子可以瞬间地从真空中出现，然后再次消

失）可以对 SUSY 粒子以及列出的那些已知性质敏感。如果没有
SUSY 的贡献，一些计算会给出无意义的结果，比如我们上面看到
的无限大概率；当加入 SUSY 的贡献后，就会得到更合理的计算结
果。当 SUSY 介入时，不合理结果已经消失，这一事实鼓励人们希
望 SUSY 确实被包含在了自然界的方案之中。摆脱无意义的结果当
然是必要的，但我们仍然不知道这些合理的结果是否与自然界的实
际行为相符。所以我们充其量只有 SUSY 在起作用的间接的迹象，
尽管目前的情况并不明朗。我们面临的挑战是在实验中产生 SUSY
粒子，从而证明理论，并从对其特性的研究中详细了解理论。图
10.1 为 SUSY 粒子小结。

夸克	q ;	超夸克	$\tilde{q}$
轻子	l ;	超轻子	$\tilde{l}$
电子	e ;	超电子	$\tilde{e}$
中微子	ν ;	超中微子	$\tilde{\nu}$
光子	γ ;	光微子	$\tilde{\gamma}$
胶子	g ;	胶微子	$\tilde{g}$
W玻色子	W ;	超W粒子	$\tilde{W}$
Z玻色子	Z ;	超Z粒子	$\tilde{Z}$
希格斯玻色子	H ;	希格斯微子	$\tilde{H}$

一些粒子和它们的超伙伴

图 10.1　SUSY 粒子小结：重中微子及其振荡

SUSY 可能至少与一些似乎主宰物质宇宙的暗物质有关。从星系的运动和宇宙的其他测量结果可以推断，也许高达 90% 的宇宙由重的"暗"物质组成，"暗"的意思是它不发光，可能是因为它不受电磁力影响。在 SUSY 中，如果最轻的超粒子是电中性的，比如说光微子或胶微子，它们可能是亚稳态的粒子。因此，它们可以在相互的引力作用下形成大规模的星团，类似于我们熟悉的恒星最初形成的方式。然而，鉴于恒星由常规粒子构成，经受了四种力，可以发生聚变并发射光，而中性的 SUSY 超费米子伙伴则不会。如果 SUSY 粒子真的能够被发现，那么去了解所需的中性粒子是否真的是最轻的，以及它是否具有我们预期的特征，将是一件令人神往的事情。如果事实证明果真如此，那么高能粒子物理学领域和整个宇宙学领域将会完美地衔接起来。

10.3　有质量的中微子

在标准模型中，中微子被假定是无质量的。这是因为没有人能够测量它们可能具有的任何质量值，其数值非常微小，很可能是零。然而，并不存在一个要求中微子无质量的基本的原理。而事实上我们现在知道，中微子确实有质量，甚至比电子质量还小得多，尽管如此，但却不是零。

已知的中微子有三种，即电子型中微子、μ 子型中微子和 τ 子型中微子，因其与共享这个名字的带电粒子协同产生的密切关系而得名。我将分别把它们称为 ν_e、ν_μ 和 ν_τ。太阳中心的核聚变反应会发射出 ν_e 类的中微子。

在量子力学中，粒子具有波动性。如同电磁振荡可以具有粒子性（如光子）一样，中微子等粒子在空间中传播时也具有类波式振荡，实际上它是一种变化的概率波。当它远离源头时，最初的 ν_e 会随着它的运动而改变概率，从 ν_e 变成 ν_μ 或 ν_τ。然而，为了实现这一点，各种中微子必须具有不同的质量，这意味着并非所有的中微子都可以是无质量的。

几十年来，我们测量了来自太阳的 ν_e 的强度。鉴于我们对太阳工作方式的了解，有可能计算出它产生的 ν_e 的数量，从而计算出它们到达地球时的强度。然而，当测量时，人们发现到达这里的 ν_e 的强度只有预期的 $1/3\sim1/2$。这是 ν_e 可能有质量，并在途中变成其他种类的中微子的首个迹象。类似的反常现象在宇宙线撞击上层大气中的原子时产生的 ν_e 和 ν_μ 的混合中也看到了。20 世纪末一系列专门实验终于确定了中微子的确有质量，并在飞行中从一种形式振荡变换到另一种形式。

其中，在 SNO——萨德伯里（安大略省）中微子天文台不仅能够探测到从太阳到达的 ν_e（显示出亏损），而且还能计算出所有种类的总数（确定总数与预测的一样）。这表明 ν_e 确实发生了变化，但其本身并不能决定它倾向于变成哪一种。

因此我们开始了"长基线"实验。在 CERN、费米实验室或日本的 KEK 实验室等的加速器上，产生了受控的中微子束。中微子束的能量、强度和成分（主要是 ν_μ）在源头受到监测；它穿过地面，被几百公里外的远程地下实验室所探测。通过比对到达与出发束流的成分，人们得以弄清不同味道中微子间的振荡变换关系，以及转换的速率。然后，由此可以计算出它们的相对质量（从技术上讲，这样确定的是它们的质量平方的差）。

在 21 世纪的前 10 年中，我们预计这些实验会带来大量关于神秘的中微子的信息。它们的质量模式将补齐标准模型中一些缺失的参数。我们不知道为什么夸克和带电轻子的质量值是这样的。它们拥有这些数值对我们的存在至关重要，故了解这一点将是一个重大突破。因此，确定中微子的质量可以为解开这个谜团提供一条重要线索。

中微子质量也可能对宇宙学产生影响。大质量中微子可能在星系的形成过程中起作用。它们可能在解释宇宙中弥漫的暗物质的性质方面发挥一些作用，而弱相互作用为什么会出现宇称破坏（即镜像对称性破坏），仍是一个未解之谜。中微子是探究弱相互作用的一个特殊途径，因此加强对其特性的研究，可能会带来意想不到的发现。

确定中微子质量的数值是目前粒子物理学家的主要挑战之一。这自然会引出一个更大的问题：质量本身的性质是什么？

10.4　质量

电弱力是我们熟悉的电磁学中的光子所携带的力，也是负责弱相互作用的 W 玻色子和 Z 玻色子所携带的力，它们不仅是引发太阳燃烧，而且也是某些类型放射性的基础。然而，如果这些效应如此紧密地交织在一起，为什么在我们的平时体会中，也就是在相对较低的温度和能量下，它们会显得如此不同呢？其中一个原因是传递电磁力的粒子——光子是无质量的，而与弱力相关的 W 玻色子和 Z 玻色子却有着巨大的质量，每个 W 玻色子和 Z 玻色子的"重量"都相当于一个银原子。

关于基本粒子和它们之间作用力的标准模型解释了质量，提出质量是起源于一个新的场，以彼得·希格斯的名字命名为希格斯场，他是最早（在 1964 年）认识到这种理论可能性的人之一（图 10.2）。希格斯场也渗透到所有的空间。根据该理论，假如没有希格斯场的话，基本粒子就会没有质量。我们所认识到的质量，部分是这些粒子和希格斯场之间的相互作用的结果。光子不与希格斯场相互作用，所以是无质量的；W 玻色子和 Z 玻色子则会与其相互作用，从而获得它们的大质量。物质的组成成分夸克和轻子，也被假定是通过与希格斯场相互作用而获得质量的。

图 10.2　彼得·希格斯连同他身后黑板上展示的他的部分理论

就像电磁场产生我们称之为光子的量子束一样，希格斯场也应该表现为希格斯玻色子的量子束。在希格斯的原始理论中，只有一种希格斯玻色子，但如果超对称是正确的，应该有一族这样的粒子。

在 LEP 和其他加速器上进行的精确测量，与量子理论和标准模型的数学相结合，使理论家们能够确定希格斯玻色子（或者说引起质量的东西）应该在什么能量下显现出来。这些计算结果意味着，质量的起源在大爆炸后仅一万亿分之一秒（10^{-12}s），即温度已"冷却"到一亿亿摄氏度（$10^{16}℃$）以下时，就被冻结在宇宙的结构中。CERN 的 LHC 被设计来重现这些条件。在 2012 年 7 月，他们宣称发现了一个粒子，其质量约为 125GeV，它的产生概率和衰变方式与预言的希格斯玻色子的性质相符。截至 2012 年 11 月，似乎证实了 W 玻色子和 Z 玻色子的质量来自希格斯机制，顶夸克和底夸克的质量也来自此机制。现在确定轻夸克和轻子的质量是否也来自这种机制还为时过早。随着未来几年数据的积累，这一点将得到答案。

10.5　夸克胶子等离子体

如果我们的物质起源图像是正确的，那么在今天冰冷的宇宙中被束缚在质子和中子里的夸克和胶子，在宇宙大爆炸的炽热下，因为太热使它们不能粘连在一起。相反，它们会存在于一个密集的、高能的"汤"中，被称为"夸克胶子等离子体"（QGP）。

这些混合的夸克和胶子群，类似于被称为等离子体的物质状态（比如在太阳的中心所发现的），由电子和核子的独立气体组成，因为其能量太高，粒子之间无法结合到一起形成中性原子。

物理学家正试图通过将大的原子核在如此之高的能量下相互粉碎，使质子和中子挤压在一起来产生 QGP。他们希望原子核能够

"融化"，换句话说，夸克和胶子会在整个原子核中流动，而不是"冻结"成单独的中子和质子。

在 CERN，重核束流已被射向重元素的固定靶上。美国布鲁克海文国家实验室的相对论重离子对撞机（RHIC），建造了一台专用机器，在那里重核束流对撞。与电子、质子等较简单的粒子一样，对撞束流机器的最大优点是，在加速粒子的过程中所有获得的能量都会用于对撞。2007 年，RHIC 已经被可以到达更大能量区域的 CERN 的 LHC 所取代，它使铅离子以 1300TeV 的总能量对撞。在这些极高能量下（类似于宇宙还不到一万亿分之一秒时的常态）QGP 应该会变得司空见惯，这使实验家们可以详细研究其特性。

10.6　反物质和 CP 变换

看来，我们居住在至少有 1.2 亿光年的直径的物质中。基于物质和反物质在基本粒子层面上的行为方式的微妙差异（学术上称为"CP 对称性"破坏），大多数物理学家赞成这样的观点：物质和反物质之间存在着某种微妙的不对称性，而且在大爆炸之后不久，这种平衡就被打破，从而导致宇宙由物质所主导。现在的挑战是，要详细研究这些差异，以确定它们的起源，这也许是宇宙中物质和反物质之间不对称的来源。

K 介子由一个夸克和一个反夸克组成，因此是物质和反物质的等量混合物。中性的 K 介子（K^0）是由一个下夸克和一个反奇异夸克组成的，而它的反粒子是由一个反下夸克和一个奇异夸克组成的。因此，K^0 和 $\bar{K}^0$ 是不同的粒子，但它们通过弱力紧密联系在一起，令人惊讶的是，通过它们的夸克和反夸克之间的相互作用，弱力使 K^0 变为 $\bar{K}^0$，反之亦然。这种效应意味着，一旦 K 介子或反 K 介子被产生出来，一些量子力学的"混合"就开始发生。

这些介于两者之间的混合物被称为 K_S（S 代表"短"）和 K_L（L 代表"长"）。K_L 的寿命大约是 K_S 的 600 倍。这种混合的重要的特征是，K_L 和 K_S 状态在 CP 的组合"镜像"变换中表现不同。这两种状态以不同的方式衰变，K_S 衰变为两个 π 介子，K_L 衰变为三个 π 介子。假如 CP（由电荷共轭变换与空间反演变换构成联合变换）对称性是完美的话，这种衰变模式将永远不会变化，例如，K_L 永远不会衰变为两个 π 介子。然而，正如詹姆斯·克罗宁和瓦尔·菲奇以及他们的同事最早观测到的那样，在大约 0.3% 的情况下，K_L 确实会衰变为两个 π 介子。

现在很多物理学家心中的疑问是，三代粒子的"偶然性"是否是导致物质在宇宙中占据主导地位的原因。根据理论预言，B 介子情况下，应该具有比较大的 CP 破坏效应，B 介子类似于 K 介子，但其中的奇异夸克被底夸克取代。B 介子系统现在是高精度实验研究的对象，并且已经报告了大的不对称的首个信号。LHC 将产生大量的底粒子，对这些粒子的 CP 不对称的研究将是其研究计划的主要部分。为此，有一个名为 LHCb 的专门实验。

10.7　未来的一些问题

现在来谈谈真正奇怪的事情。根据最新的理论，三维的空间和时间只是一个更深奥的宇宙的一部分。有一些维度是我们通常的感

简说粒子物理

官所无法感知的，但在 CERN 即将进行的高能实验中，这些维度可能会被揭示出来。

为了弄清这一点，可想象一下平面世界中的生命所感知的宇宙，他们只知道两个维度。而我们以自己的意识，可以感知到第三个维度。因此，我们可以想象两块靠近的平板，比如说，1mm 的距离。一块板上的力的影响可能会跨越这个间隙，但在平地，人不会意识到这一点。他们会察觉到一些残余的影响，而这些影响与他们所经历的平面宇宙相比是微弱的。

现在将我们自己想象成在一个更高维度的宇宙中的"平面人"。这个想法是，对我们来说，引力似乎是微弱的，因为它是其他的力在我们的宇宙中向更高维度泄露出的效果。因此，当我们感受到引力时，我们感受到的是其他的统一力的影响，这些力已经泄漏到更高维度中，留下一个微不足道的残余效果。我们甚至可以想象粒子从我们的"平面"维度移动到更高的维度，实际上是从我们所知的宇宙中"消失"的效应。

因此，在 CERN 的 LHC 的新实验中，物理学家将寻找粒子"自然"出现或消失的迹象。如果发现这样的现象以某种系统的方式发生，这就可以提供证据，证明我们确实像平面人一样，自然界还有其他超出我们目前所经历的三维空间和一维时间之外的维度。

至此我们已经到了开始难以区分科学事实和科幻小说的一个节点。但在一个世纪以前，我们今天认为理所当然的许多事情，都超出了赫伯特·乔治·威尔斯想象。同样，100 年后的科学教科书中会有我们还没有想象到的内容。大约 50 年前，我读过一本书，书中讲述了当时正在被揭示的原子的奇迹，以及宇宙线中出现的奇异粒子。今天，我正在为你写下它们的故事，也许再过半个世纪，你会为自己更新这个故事。祝你好运。

◎ 延伸阅读 ◎

　　以下关于延伸阅读的建议并不是为了形成一个关于粒子物理学文献的综合指南。

　　本节包括一些已经绝版的经典著作，但可以通过当地的优秀图书馆或二手书店，或通过互联网（如 www.abebooks.com）来获得。

Frank Close, The Cosmic Onion：Quarks and the Nature of the Universe (Heinemann Educational, 1983). An account of particle physics in the 20th century for the general reader.

Frank Close, Lucifer's Legacy (Oxford University Press, 2000). An interesting introduction to the meaning of asymmetry in antimatter and other current and future areas of particle physics.

Frank Close, Michael Marten, and Christine Sutton, The Particle Odyssey (Oxford University Press, 2003). A highly illustrated popular journey through nuclear and particle physics of the 20th century, with pictures of particle trails, experiments, and the scientists.

Gordon Fraser (ed.), The Particle Century (Institute of Physics, 1998). The progress of particle physics through the 20th century.

Brian Greene, The Elegant Universe: Superstrings, Hidden Dimensions, and the Quest for the Ultimate Theory (Jonathan Cape, 1999). A prize-winning introduction to the 'superstrings' of modern theoretical particle physics. Tony Hey and Patrick Walters, The Quantum Universe (Cambridge University Press, 1987). An introduction to particle physics and quantum theory.

George Johnson, Strange Beauty：Murray Gell-Mann and the Revolution in Twentieth-century Physics (Jonathan Cape, 2000). A biography of Murray Gell-Mann, the 'father' of quarks.

Gordon Kane, The Particle Garden: Our Universe as Understood by Particle Physicists (Perseus Books, 1996). An introduction to particle physics and a look at where it is heading.

Robert Weber, Pioneers of Science (Institute of Physics, 1980). Brief biographies of physics Nobel Prize winners from 1901 to 1979.

Steven Weinberg, The First Three Minutes (Andre Deutsch, 1977; Basic Books, 1993). The first three minutes after the Big Bang, described in non-technical detail by a leading theorist.

Steven Weinberg, Dreams of a Final Theory (Pantheon Books, 1992; Vintage, 1993). A 'classic' on modern ideas in theoretical particle physics.

W. S. C. Williams, Nuclear and Particle Physics, revised edn. (Oxford University Press, 1994). A detailed first technical introduction suitable for undergraduates studying physics.

简
说
粒
子
物
理

❂ 术 语 表 ❂

玻色子：（以普朗克常量为单位所测量的）自旋为整数的粒子的总称；包括力的载体，如光子、胶子、W 玻色子和 Z 玻色子以及无自旋的希格斯玻色子。

粲夸克：带电量为 +2/3 的夸克；是上夸克更重的形式，但较顶夸克轻。

超对称（或 SUSY）：结合费米子和玻色子的理论，每个已知的粒子都有一个伙伴，其伙伴的自旋比它大或小 1/2。

超级神冈探测器：位于日本，用于探测源于宇宙线的中微子和其他粒子的地下探测器。

磁矩：描述粒子在存在磁场时发生反应的量。

大统一理论：试图统一强相互作用、电磁相互作用、弱相互作用，并最终包括引力相互作用的理论。

代：夸克和轻子呈现三 "代" 形式。第一代由上夸克和下夸克、电子和中微子组成。第二代包含粲夸克和奇异夸克、μ 子和另一种中微子，而第三代，质量最大的一代，包含了顶夸克和底夸克、τ 子和第三种中微子。我们认为，除此之外没有这样的 "代" 的其他实例了。

底（性）：含有底夸克或其反夸克的强子的性质。

底夸克：带电 −1/3 的最重的夸克。

电磁（相互作用）力：通过电荷之间以及磁力之间传递的基本相互作用力。

电弱力：把电磁力和弱力统一起来的理论。

电子：原子中最轻的、带负电荷的组分。

顶夸克：带电 +2/3 最重的夸克。

动能：物体因运动而具有的能量。

对称性：如果一个理论或一个过程在对其进行某些操作时不发生变化，那么我们就说它对这些操作具有对称性。例如，一个圆在转动或镜像操作后保持不变，因此它具有转动和镜像对称性。

对撞机：一种其内部粒子束流沿相反方向运动而正面碰撞的粒子加速器。

反（粒子）：粒子的反物质形式，例如反夸克、反质子。

反物质：对于每一种粒子，都存在一种具有与之相反性质（例如电荷符号）的反粒子。当粒子和反粒子相遇时，它们能相互湮灭并产生能量。

放射性：见 β 衰变。

费米子：具有半整数自旋的粒子的总称，以普朗克常量为测量单位。例如夸克和轻子。

分子：原子的团簇。

伽马射线：光子，极高能的电磁辐射。

光子：传播电磁相互作用的无质量粒子。

回旋加速器：粒子加速器的早期形式。

火花室：显示带电粒子运动轨迹的装置。

胶子：无质量的粒子，将夸克束缚在一起形成强子，强相互作用 QCD 的载体。

角动量：旋转运动的一种性质，类比于我们更熟悉的线性运动中的动量的概念。

介子：强子的一种，由一个单独的夸克和一个反夸克组成。

夸克：质子、中子和强子的组成成分。

离子：由于被剥离一个或多个电子（正离子），或有过量电子（负离子），而带电荷的原子。

量子电动力学（QED）：电磁力的理论。

量子色动力学（QCD）：作用于夸克上的强力的理论。

纳秒：十亿分之一秒（10^{-9}s）。

皮秒：万亿分之一秒（10^{-12}s）。

普朗克常量（h）：一个非常小的量，它控制着宇宙在与原子相当或更小的距离上的运行。它非零的事实是原子的大小不是零的终极原因。因此我们不能同时精确地知道粒子的位置和速度值，以及量子世界与我们的整个世界的经验相比如此奇怪。粒子的自旋也与普朗克常量成比例（更准确地说，是以 $h/2\pi$ 的整数或半整数为单位）。

奇异夸克：带电 $-1/3$ 的夸克，比下夸克重，但比底夸克轻。

奇异粒子：含有一个或多个奇异夸克或反奇异夸克的粒子。

奇异性：所有含有奇异夸克或反奇异夸克的物质所具有的性质。

气泡室：粒子探测器的一种，现在已经过时了，通过气泡的轨迹来揭示带电粒子的飞行轨迹。

强（相互作用）力：基本力的一种，主要作用是把夸克和反夸克束缚形成强子，并在原子核中把质子和中子束缚在一起，由

QCD 理论描述。

强子：由夸克和 / 或反夸克组成的粒子，参与强相互作用。

轻子：像电子和中微子这样自旋为 1/2 的粒子，它们不参与强相互作用力。

弱（相互作用）力：基本力的一种，导致 β 衰变；通过 W 或 Z 玻色子传递。

色：赋予夸克属性的一种异想天开的命名。夸克是 QCD 理论中强相互作用力的来源。

上夸克（u）：带电量 +2/3 的夸克，是质子和中子的组成成分。

守恒：如果某一特性的值在整个反应过程中保持不变，那么就称这个量为守恒量。

同步加速器：现代的环形粒子加速器。

微秒：百万分之一秒（10^{-6}s）。

味：区分不同夸克（上夸克、下夸克、奇异夸克、粲夸克、顶夸克、底夸克）和轻子（电子、μ 子、τ 子、中微子）的性质的总称，因此味包括电荷和质量。

希格斯玻色子：被预言是电子、夸克、W 玻色子和 Z 玻色子等粒子的质量来源的大质量粒子。

下夸克（d）：带电 −1/3 的最轻的夸克，是质子和中子的组分之一。

宇称：研究镜像的系统或事件序列的一种操作。

宇宙射线：来自外太空的高能粒子和原子核。

原子：电子环绕原子核的系统；仍可被识别为元素的某一元素的最小单元。

正电子：电子的反粒子。

质量：与粒子或物体的惯性，以及对加速的抵抗的测度有关，请注意，你的"重量"是引力施加在你的质量上的，所以无论你在地球上、月球上还是太空中，你的质量都是一样的，即使你在太空中可能"失重"。

质子：原子核的带电组分。

中微子：一种电中性粒子，轻子家族的成员；只参与弱作用力和引力。

中子：原子核中质子的电中性伙伴，它有助于使原子核更稳定。

重子：强子的一种；由三个夸克组成。

自旋：对粒子"转动"或内禀角动量的度量；约化普朗克常量（更准确地说以 $h/2\pi$）来进行单位度量。

B：底介子的符号。

B- 工厂：用来产生大量含有底夸克或反底夸克的粒子而设计的加速器。

$E = mc^2$（能量和质量的单位）：在专业上，MeV 或 GeV 的单位是用来对一个粒子静止能量（$E = mc^2$）的度量，但传统上通常把它简单地称为质量，并用 MeV 或 GeV 为单位表示质量。

eV（电子伏特）：能量单位，当电子被一伏特电压加速时所获得的能量。

GeV：能量单位，等于十亿电子伏特（10^9eV）。

K（K 介子）：各种奇异介子。

keV：一千电子伏。

LEP：CERN 的大型电子 - 正电子对撞机。

LHC：CERN 的大型强子对撞机。

MACHO：晕族大质量致密天体的首字母缩写。

MeV：百万电子伏特。

meV：百万分之一电子伏特。

SLAC：斯坦福直线加速器中心，位于美国加利福尼亚州。

SNO：萨德伯里中微子观测站，位于加拿大安大略省萨德伯里的地下实验室。

WIMP："弱作用重粒子"的缩写。

W 玻色子：带电的大质量粒子，弱力的载体之一；是 Z 玻色子的兄弟。

Z 玻色子：电中性大质量粒子，弱力的载体之一；是 W 玻色子的兄弟。

α 粒子：由两个质子和两个中子紧密束缚在一起组成，在某些核嬗变中被发射：是氦原子的原子核。

β 衰变（β 放射性）：由弱力引起的核或粒子的嬗变，导致发射一个中微子和一个电子或一个正电子。

μ 子：电子的较重的形式。

π 介子：介子中最轻的例子，由上夸克（或下夸克）与其反夸克组成。

τ 子：μ 子和电子的较重形式。

索 引

简说粒子物理